# iLike就业Photoshop CS4
# 中文版多功能教材

叶 华 等编著

電子工業出版社
**Publishing House of Electronics Industry**
北京 · BEIJING

# 内 容 简 介

本书运用通俗易懂的语言，以实例为载体，将理论穿插在实际操作中，以实例表现理论，详细地介绍了如何利用Photoshop CS4的各种功能来创建图形或编辑图像，以及制作出与众不同的精美效果。本书将Photoshop CS4的基础知识归纳为若干知识点，针对这些知识点辅以实例进行讲解。每个实例都是根据知识点精心设计与编写的，非常适用于课堂教学。通过对本书的学习，读者可以比较完善地掌握Photoshop CS4软件中的理论知识和应用技巧。

本书可作为电脑平面广告设计人员、电脑美术爱好者以及与图形图像设计相关的工作人员的学习、工作参考用书。

**图书在版编目（CIP）数据**

iLike就业Photoshop CS4中文版多功能教材/叶华等编著.—北京：电子工业出版社，2010.6
ISBN 978-7-121-10837-2

Ⅰ．①i… Ⅱ．①叶… Ⅲ．①图形软件，Photoshop CS4—教材 Ⅳ．①TP391.41

中国版本图书馆CIP数据核字（2010）第084231号

责任编辑：李红玉
文字编辑：易 昆
印 刷：北京天竺颖华印刷厂
装 订：三河市鑫金马印装有限公司
出版发行：电子工业出版社
 北京市海淀区万寿路173信箱 邮编：100036
 北京市海淀区翠微东里甲2号 邮编：100036
开 本：787×1092 1/16 印张：19.5 字数：496千字
印 次：2010年6月第1次印刷
定 价：37.00元

凡所购买电子工业出版社图书有缺损问题，请向购买书店调换。若书店售缺，请与本社发行部联系，联系及邮购电话：（010）88254888。
质量投诉请发邮件至zlts@phei.com.cn，盗版侵权举报请发邮件至dbqq@phei.com.cn。
服务热线：（010）88258888。

# 前　言

　　Photoshop是Adobe公司旗下最为出名的图像处理软件之一，也是图像处理软件中使用范围较广、性能较为优秀的软件之一。Adobe Photoshop CS4是Photoshop的最新版本，与之前的版本相比，Photoshop CS4无论是在用户界面还是在操作性能等方面都进行了改进与增强，特别是操作性能，经改进后已更加贴近用户的使用需求。该软件功能强大，集图像扫描、编辑修改、图像制作、广告创意、图像输入与输出于一体，所以在使用过程中对计算机的硬件配置和软件环境都有一定的要求。在硬件配置上，普通计算机的硬盘存储量都是符合要求的，但显卡要求是独立显卡，并且配置较高为宜。在软件环境上，需要至少1GB的内存，内存越大，软件的工作速度越快。下面简要地列出了硬件配置要求，读者可作为参考：

　　1.8GHz或更快的处理器；

　　至少1GB内存；

　　至少1GB可用硬盘空间（用于安装），安装过程中需要额外的可用空间；

　　DVD-ROM驱动器；

　　1024×768像素屏幕（推荐1280×800像素），16位显卡，至少512MB显存；

　　某些GPU加速功能需要Shader Model 3.0和OpenGL 2.0图形支持。

　　使用Photoshop CS4可以制作出非常精美的作品，但是，要想实现此目标，就必须对软件有一个全面的了解，认真学习其中各个方面的知识。

　　本书以大量的逐个实例为载体，向大家展示了Photoshop CS4软件各项功能的使用方法和技巧，同时讲解了如何使用该软件来创建和制作各种不同效果。本书的实例都是根据知识点精心设计与编写的，所以非常适用于课堂教学。

　　根据对Photoshop CS4软件的理解与分析，本书被划分为12个课业内容，科学地将软件中的知识从整体中划分开来。

　　在第1课中，编者以理论和实际相结合的方法向读者介绍了Photoshop CS4的入门知识。编者将基础知识具体归纳为若干知识点，有针对性地进行讲述，对于一些需要进行实际操作的问题，以实例的方式展示了出来，充分考虑到了读者的学习需要。本章的知识点主要包括图像与图形的基本知识、软件工作界面的介绍、自定义快捷键、软件新功能介绍以及首选项的部分设置等。

　　在第2课~第12课中，编者向大家详细介绍了Photoshop CS4中的基本操作和各项功能。这些知识点均以实际操作的途径显现出来，可以使读者跟随实例的操作步骤，逐步进行学习。相对于单纯的文字理论类书籍来讲，这是更容易被读者接受的一种方式。在实例的编排中，还插有注意、提示和技巧等小篇幅的知识点，涉及的都是一些平时容易出错的地方或者是一些在操作中需要注意的技巧，读者仔细品味会发现它们十分有用。这些课业的内容主要包括选区、设置与调整图像颜色、绘制与编辑图像、文字的应用、图层、蒙版和通道、形状和路径、滤镜效果、动作和任务自动化以及制作网页图像和动画等。

本书在每课的具体内容中也进行了十分科学地安排，首先介绍知识结构，其次列出对应课业的就业达标要求，然后紧跟具体内容，为读者的学习提供了非常明确的指导信息与步骤安排。本书含配套资料，素材文件和最终效果都在同一章节中存放，素材文件的具体位置均在文稿中得以体现，读者可以根据提示找到文件的位置。

本书在编写的过程中，得到了出版社领导、编辑的大力帮助，在此对他们表示衷心的感谢。由于时间仓促，书中难免存在错误和疏漏之处，敬请广大读者批评指正。

为方便读者阅读，若需要本书配套资料，请登录"北京美迪亚电子信息有限公司"（http://www.medias.com.cn），在"资料下载"页面进行下载。

# 目　录

# Photoshop CS4入门知识

**本课知识结构**

　　本课介绍Photoshop CS4的入门知识，对于广大读者来讲，充分了解各方面的基础知识，是学习软件中其他知识的前提，也是开展设计工作的必要条件。

**就业达标要求**

☆ 掌握图形与图像的基础知识　　　　☆ 掌握Photoshop CS4的参数设置
☆ 认识Photoshop CS4的工作界面　　☆ 掌握如何自定义快捷键
☆ 了解Photoshop CS4的新增功能

## 1.1　图形与图像的基础知识

　　在学习Photoshop CS4的基本知识前，首先需要掌握一些关于图形和图像的基本概念，这将十分有助于读者对软件的进一步学习，也是进行软件学习和作品创建的必要条件。

　　1. 位图图像与矢量图形

　　计算机记录数字图像的方式有两种：一种是用像素点阵方法记录，即位图；另一种是通过数学方法记录，即矢量图。Photoshop在不断升级的过程中，功能越来越强大，但编辑对象仍然还是针对位图。

- 位图图像：位图图像由许许多多的被称为像素的点所组成，这些不同颜色的点按照一定的次序排列，就组成了色彩斑斓的图像。图像的大小取决于像素数目的多少，图像的颜色取决于像素的颜色。位图图像在保存时，能够记录下每一个点的数据信息，因而可以精确地记录色彩丰富的图像，呈现照片般的品质，如图1-1所示。位图图像可以很容易地在不同软件之间交换文件，而缺点则是在缩放和旋转时会产生图像的失真现象，同时由于其文件较大，对内存和硬盘空间容量的需求也较高。

- 矢量图形：矢量图形又称向量图，是以线条和颜色块为主构成的图形。矢量图形与分辨率无关，而且可以任意改变大小以进行输出，图片的观看质量也不会受到影响，这些主要是因为其线条的形状、位置、曲率等属性都是通过数学公式进行描述和记录的。矢量图形文件所占的磁盘空间比较少，非常适用于网络传输，也经常被应用在标志设计、插图设计以及工程绘图等专业设计领域，但矢量图的色彩较之位图相对单调，无法像位图般真实地表现自然界的颜色变化，如图1-2所示。

图1-1　位图图像

图1-2　矢量图形

 像素是组成位图图像的最小单位。一个图像文件的像素越多，就越能表现更多的细节出来，从而图像质量也就随之提高，但因此产生的磁盘空间需求也会越多，编辑和处理的速度也会变慢。

位图图像与分辨率的设置有关。当位图图像以过低的分辨率打印或是以较大的倍数放大显示时，图像的边缘就会出现锯齿，如图1-3所示。所以，在制作和编辑位图图像之前，应该首先根据输出的要求调整图像的分辨率。

原图　　　　　　局部放大效果

图1-3　放大后的位图图像

## 2. 分辨率

分辨率对于数字图像的显示及打印等方面，都起着至关重要的作用，常以"宽×高"的形式来表示。分辨率对于用户来说显得有些抽象，在此，编者将分门别类地向大家介绍如何正确使用分辨率，以便令读者能以最快的速度掌握该知识点。一般情况下，分辨率分为图像分辨率、屏幕分辨率以及打印分辨率。

- 图像分辨率：图像分辨率通常以像素/英寸来表示，是指图像中每单位长度含有的像素数目。以具体实例来说明，分辨率为300像素/英寸的1英寸×1英寸的图像总共包含90 000个像素，而分辨率为72像素/英寸的图像只包含5184个像素（72像素宽×72像素高＝5184）。但分辨率并不是越大越好，分辨率越大，图像文件越大，在进行处理时所需的内存和CPU处理时间也就越多。不过，分辨率高的图像比相同打印尺寸的低分辨率图像包含更多的像素，因而图像会更加清楚细腻。
- 屏幕分辨率：屏幕分辨率就是指显示器分辨率，即显示器上每单位长度显示的像素或点的数量，通常以点/英寸（dpi）来表示。显示器分辨率取决于显示器的大小及其像素设置。显示器在显示时，图像像素直接转换为显示器像素，这样当图像分辨率高于显示器分辨率时，在屏幕上显示的图像会比其指定的打印尺寸大。一般显示器的分辨率为72dpi或96dpi。

- 打印分辨率：激光打印机（包括照排机）等输出设备产生的每英寸油墨点数（dpi）就是打印分辨率。大部分桌面激光打印机的分辨率为300dpi到600dpi，而高档照排机能够以1200dpi或更高的分辨率进行打印。

图像的最终用途决定了图像分辨率的设定，用于印刷的图像，分辨率应不低于300dpi；如果要对图像进行打印输出，则需要符合打印机或其他输出设备的要求；应用于网络的图像，分辨率只需满足典型的显示器分辨率即可。

### 3. 图像的存储格式

图像文件有很多种存储格式，对于同一幅图像，有的保存文件小，有的保存文件则非常大，这是因为文件的压缩形式不同。小文件可能会损失很多的图像信息，因而存储空间小，而大的文件则会更好地保持图像质量。总之，不同的文件格式有不同的特点，只有熟练掌握各种文件格式的特点，才能扬长避短，提高图像处理的效率。下面介绍Photoshop CS4中图像的存储格式。

Photoshop CS4可以支持PSD、TIF、JPG、BMP、PCX、FLM、GIF、IFF、RAW等20多种文件存储格式。当打开文件时，会弹出如图1-4所示的对话框，当保存文件时，会弹出如图1-5所示的对话框。

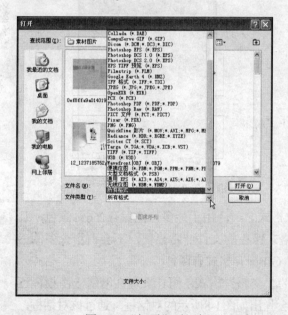 

图1-4 "打开"对话框        图1-5 "存储为"对话框

有的格式在"打开"对话框中存在，而在"存储为"对话框中不存在，如：Filmstrip、OpenEXR等文件格式，这表明这些格式可以在Photoshop中打开，但是不能保存为原来的格式，只能将修改后的图像存储为另外的格式。

下面简单介绍几种常用的文件格式。

- PSD（*.PSD）：PSD格式是Photoshop新建和保存图像文件默认的格式。PSD格式是唯一可支持所有图像模式的格式，并且可以存储Photoshop中建立的所有的图层、通道、参考线、注释和颜色模式等信息。因此，没有编辑完成、下次需要继续编辑的文件最好保存为PSD格式。但由于PSD格式所包含的图像数据信息较多，所以尽管在保存时会压缩，但是仍然要比其他格式的图像文件大很多。因为PSD文件保留所有原图像的数据信息，因此修改图像时十分方便。

 使用Photoshop CS4新增功能制作的某些PSD文件（如3D图层等），不能在旧版本的Photoshop中使用，所有这些功能特性在旧版本中将不能出现，但是不会影响图像的整体效果。

· BMP（*.BMP）：BMP是Windows平台标准的位图格式，很多软件都支持该格式，应用非常广泛。BMP格式支持RGB、索引颜色、灰度和位图颜色模式，不支持CMYK颜色模式，也不支持Alpha通道。在Photoshop中，将文件存储为BMP格式时，会弹出如图1-6所示的"BMP选项"对话框，从中可以选择Windows或者OS/2两种格式，还可以选择16位，24位，32位的深度。如果单击"高级模式"按钮，这时会弹出"BMP高级模式"对话框，如图1-7所示，16位可以选择X1 R5 G5 B5、R5 G6 B5、X4 R4 G5 B4三种模式中的一种。

   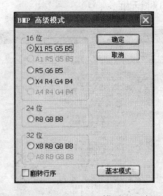

图1-6    "BMP选项"对话框          图1-7    "BMP高级模式"对话框

· GIF（*.GIF）：GIF格式也是通用的图像格式之一，由于最多只能保存256种颜色，且使用LZW压缩方式压缩文件，因此GIF格式保存的文件非常轻便，不会占用太多的磁盘空间，非常适合Internet上的图片传输。GIF保存格式有两种，一种为"正常"格式，可以支持透明背景和动画格式；另一种为"交错"格式，可让图像在网络上由模糊逐渐转为清晰。将文件存储为GIF格式时，会弹出如图1-8所示的对话框，通过该对话框，可对将要保存的图像进行设置。

 索引颜色是位图图片的一种编码方法，需要基于RGB、CMYK等更基本的颜色编码方法。可以通过限制图片中颜色总数的方法实现有损压缩。

· EPS（*.EPS）：EPS是"Encapsulated Post Script"一词首字母的缩写。EPS格式可同时包含像素信息和矢量信息，是一种通用的行业标准格式。在Photoshop中打开用其他应用程序创建的包含矢量图形的EPS文件时，Photoshop会对此文件进行栅格化，将矢量图形转换为像素。除了多通道模式的图像之外，其他模式都可存储为EPS格式，但是它不支持Alpha通道。EPS格式可以支持剪贴路径，可以产生镂空或蒙版效果。

- **JPEG（\*.JPEG）**：JPEG文件比较小，是一种高压缩比、有损压缩真彩色图像文件格式，所以在注重文件大小的领域应用很广，比如上传到网络上的大部分高颜色深度图像。在压缩保存的过程中与GIF格式不同，JPEG会保留RGB图像中的所有颜色信息，以失真最少的方式去掉一些细微数据。JPEG图像在打开时自动解压缩。在大多数情况下，采用"最佳"品质选项产生的压缩效果与原图几乎没有区别。在将文件存储为JPEG格式时，可以打开如图1-9所示的对话框。

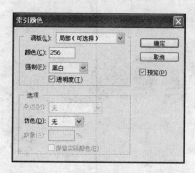
图1-8　　"索引颜色"对话框

图1-9　　"JPEG选项"对话框

可以在"品质"文本框中输入0～12之间的数值，或者在其下拉列表中，选取低、中、高和最佳选项，还可以拖移滑块来设置文件大小。较高品质的图像在压缩时，失真小，但是保存的文件较大。反之，较低品质的图像在压缩时，失真大，可是保存的文件较小。

在"格式选项"选项组下有三个单选按钮：

（1）"基线（'标准'）"格式：这是一种能够被大多数Web浏览器识别的格式。

（2）"基线已优化"格式：优化图像的色彩品质并产生稍微小一些的文件，但是所有Web浏览器都不支持这种格式。

（3）"连续"格式：使图像在下载时逐步显示越来越详细的整个图像，但是连续的JPEG文件稍大些，要求有更多的内存才能显示，而且不是所有应用程序和Web浏览器都支持这种格式。

- **PCX（\*.PCX）**：PCX格式普遍用在IBM PC兼容计算机上。在当前众多的图像文件格式中，PCX格式是比较流行的。PCX格式支持RGB、索引颜色、灰度和位图颜色模式，不支持Alpha通道。PCX支持RLE压缩方式，并支持1位～24位的图像。

- **PDF（\*.PDF）**：PDF（可移植文档格式）格式是Adobe公司开发的，是用于Windows、Mac OS和DOS系统的一种电子文档格式。与PostScript页面一样，PDF文件可以包含位图和矢量图，还可以包含电子文档查找和导航功能，例如电子链接。PDF格式支持RGB、索引颜色、CMYK、灰度、位图和Lab颜色模式，不支持Alpha通道。在将文件保存为PDF格式时，可以打开如图1-10所示的对话框，从中可以指定压缩方式和压缩品质。在Photoshop中打开其他应用程序创建的PDF文件时，Photoshop将对文件进行栅格化。

- **PICT（\*.PIT；\*.PICT）**：PICT格式广泛用于Macintosh图形和页面排版程序中，作为应用程序间传递文件的中间文件格式。PICT格式支持带一个Alpha通道的RGB文件和不带Alpha通道的索引颜色、灰度、位图文件。PICT格式对于压缩具有大面积单色的图像非常有效。对于具有大面积黑色和白色的Alpha通道，这种压缩的效果非常明显。

将RGB图像存储为PICT格式时，可以打开如图1-11所示的对话框，可从中选取像素分辨率为16位/像素或32位/像素。对于灰度图像，可以选取2位/像素、4位/像素，或8位/像素，如图1-12所示。

图1-10　"存储Adobe PDF"对话框

图1-11　存储RGB图像　　　　　　　　图1-12　存储灰度图像

- Pixar（*.PXR）：Pixar格式是专为与Pixar图像计算机交换文件而设计的。Pixar格式支持带一个Alpha通道的RGB文件和灰度文件。
- PNG（*.PNG）：PNG是Portable Network Graphics（轻便网络图形）的缩写，是Netscape公司专为互联网开发的网络图像格式，由于并不是所有的浏览器都支持PNG格式，所以该格式使用范围没有GIF和JPEG广泛。但不同于GIF格式图像的是，它可以保存24位的真彩色图像，并且支持透明背景和消除锯齿边缘的功能，可以在不失真的情况下压缩保存图像。PNG格式在RGB和灰度颜色模式下支持Alpha通道，但在索引颜色和位图模式下不支持Alpha通道。在将图像存储为PNG格式时，会打开如图1-13所示的对话框。
- Raw（*.RAW）：Raw格式是一种灵活的文件格式，用于在多个应用程序和计算机平台之间传递文件。该格式支持带Alpha通道的CMYK、RGB、灰度文件和不带Alpha通道的多通道、Lab、索引颜色、双色调文件。Raw格式由描述文件中颜色信息的字节流组成，每个像素以二进制进行描述，0代表黑色，255代表白色（对于16位通道图像，白色值为65535）。在用Raw格式存储文件时，会打开如图1-14所示的对话框。在"标题"文本框中输入一个数值，该数值决定在文件的开头插入多少个"0"作为占位符。

默认情况下，不存在标题（标题大小为0）。在对话框下部可以选择按隔行顺序或非隔行顺序的格式来存储图像。如果选择"隔行顺序"，则颜色值（例如，红、绿、蓝）会按顺序存储。

图1-13　"PNG选项"对话框　　　　　　　　图1-14　"Photoshop Raw选项"对话框

- Scitex CT（*.SCT）：Scitex是一种高档的图像处理及印刷系统，它所使用的SCT格式可以用来记录RGB及灰度模式下的连续色调。Photoshop中的SCT格式支持CMYK、RGB和灰度模式的文件，但不支持Alpha通道。将一个CMYK模式的图像保存成Scitex CT格式时，其文件非常大。这些文件通常是由Scitex扫描仪输入产生的图像，在Photoshop中处理之后，再由Scitex专用的输出设备进行分色网版输出，这种高档的系统可以提供极高的输出品质。

- Targa（*.TGA；*.VDA；*.ICB；*.VST）：Targa格式专用于使用Truevision视频板的系统，MS-DOS色彩应用程序普遍支持这种格式。Targa格式支持带一个Alpha通道的32位RGB文件和不带Alpha通道的索引颜色、灰度、16位和24位RGB文件。将RGB图像存储为这种格式时，可以打开如图1-15所示的对话框，从中可以选择分辨率。

- TIFF（*.TIFF）：TIFF格式是印刷行业标准的图像格式，几乎所有的图像处理软件和排版软件都支持这种格式。它的通用性很强，被广泛用于在程序之间和计算机平台之间进行图像数据交换。TIFF格式支持RGB、CMYK、Lab、索引颜色、位图和灰度颜色模式，并且在RGB、CMYK和灰度三种颜色模式中还支持使用通道、图层和路径。在Photoshop CS4中将图像保存为TIFF文件格式时，会出现如图1-16所示的对话框。

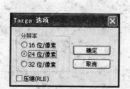

图1-15　"Targa选项"对话框　　　　　　　图1-16　"TIFF选项"对话框

在这个对话框中可选择存储文件为IBM-PC兼容计算机可读的格式或Macintosh计算机可读的格式。在"图像压缩"设置区域中，可以选择无压缩、LZW压缩（这是TIFF格式支持的一种无损失的压缩方法）、ZIP压缩，还有JPEG压缩。其中对于JPEG压缩，还可以根据需要在品质和文件大小之间取得折中。对TIFF文件进行压缩，可以减少文件大小但是会增加打开和存储文件的时间。

- Film Strip（*.FLM）：该格式是Adobe Premiere软件使用的格式，这种格式在Photoshop中只能打开、修改并保存，而不能将其他格式的图像转换成FLM格式的图像，而且在Photoshop中如果更改了FLM格式图像的尺寸和分辨率，则保存后就不能够重新插入到Adobe Premiere软件中了。

4. 获取图像素材

在Photoshop CS4中，可以通过以下几种常用的方式来获取平面设计工作中需要的图像素材。

- 扫描图像：一些常见的、传统的承载图像的媒体，诸如课本、照片、杂志、宣传画、教学挂图等，要想将这些图像输入计算机中供设计制作使用，就得借助扫描仪。随着计算机的日益普及，扫描仪已越来越多地被人们选做图像扫描工具和快捷的文本扫描输入工具。
- 用数码相机拍摄：数码相机拍摄的图像被存入计算机后，可以作为制作素材直接使用。数码相机是使用存储卡保存拍摄的图像的。
- 通过素材光盘获取图像：市场上有许多素材库光盘，其中有图库大全、矢量图库、旅游资源图库等丰富的图像素材库。
- 输入其他软件生成的图像：各种应用软件间可以相互合作，并且相互关联，所以将其他软件生成的图像置入到当前软件中，也是一种获取图像的方式。

## 1.2　Photoshop CS4工作界面

Photoshop CS4的工作界面主要由菜单栏、选项栏、工具箱、调板、文件窗口、标题栏、状态栏等部分组成，如图1-17所示。

- 菜单栏：包括文件、编辑、图像、图层、选择等11个主菜单，每一个菜单又包括多个子菜单，通过应用这些命令可以完成各种操作。
- 选项栏：选择不同的工具，会显示不同的选项，用户可以对工具的各项参数进行灵活的设置。
- 工具箱：包括了Photoshop CS4中所有的工具，大部分工具还有弹出式工具组，其中包含了与该工具功能相类似的工具，可以更方便、快捷地进行绘图与编辑。
- 文件窗口：在打开一幅图像的时候就会出现文件窗口，它是显示和编辑图像的区域。
- 标题栏：位于文件窗口的最上方，左侧显示了当前将要编辑或处理的图像文件名称，右侧是窗口的控制按钮。
- 调板：调板是Photoshop CS4最重要的组件之一，在调板中可设置数值和调节功能。调板是可以折叠的，可根据需要进行分离或组合，具有很大的灵活性。
- 状态栏：状态栏中显示的是当前操作的提示和当前图像的相关信息。

图1-17　Photoshop CS4的工作界面

### 1. 菜单栏

Illustrator CS4中的菜单栏包含"文件"、"编辑"、"图像"、"图层"、"选择"、"滤镜"、"分析"、"3D"、"视图"、"窗口"和"帮助"共11个菜单，如图1-18所示。每个菜单里又包含了相应的子菜单。

| 文件(F)　编辑(E)　图像(I)　图层(L)　选择(S)　滤镜(T)　分析(A)　3D(D)　视图(V)　窗口(W)　帮助(H) |
| --- |

图1-18　菜单栏

需要使用某个命令时，首先单击相应的菜单名称，然后从下拉菜单列表中选择相应的命令即可。一些常用的菜单命令右侧显示有该命令的快捷键，如"编辑"|"自由变换"菜单命令的快捷键为Ctrl+T，有意识地记忆一些常用命令的快捷键，可以加快操作速度，提高工作效率。

有些命令的右边有一个黑色的三角形，表示该命令还有相应的下拉子菜单，将鼠标移至该命令上，即可弹出其下拉子菜单。有些命令的后面有省略号，表示用鼠标单击该命令可弹出其对话框，用户可以在对话框中进行更详尽的设置。有些命令呈灰色状态，表示该命令在当前状态下不可以使用，需要选中相应的对象或进行了合适的设置后，该命令才会变为黑色，呈可用状态。

### 2. 工具箱

工具箱是每一个设计者在编辑图像过程中必不可缺少的，工具箱在Photoshop界面的左侧，当单击并且拖动工具箱时，该工具箱成半透明状。Photoshop CS4中的工具箱包括许多具有强大功能的工具，这些工具可以在绘制和编辑图像的过程中制作出精彩的效果，与之前的版本的工具箱相比，新版本中的工具箱对部分工具的位置进行了调整，并添加了一些新工具，如图1-19所示。

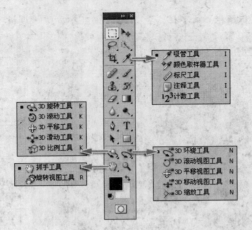

图1-19　工具箱

要使用某种工具，直接单击工具箱中的该工具即可。工具箱中的许多工具并没有直接显示出来，而是以成组的形式隐藏在右下角带小三角形的工具按钮中，使用鼠标按住该工具不放，即可展开工具组。

　只要在工具箱顶部单击双三角 ▶▶ 按钮，就可以将工具箱的形状在单列和双列之间切换。

### 3. 文件窗口

文件窗口也就是图像编辑窗口，它是Photoshop CS4创作作品的主要场所，针对图像执行的所有编辑功能和命令的效果都可以在图像编辑窗口中显示。在编辑图像的过程中，可以对图像窗口进行多种操作，如改变窗口大小和位置、进行缩放等。

默认状态下打开文件，文件均以选项卡的方式存在于在界面中，用户可以将一个或多个文件拖出选项卡，单独显示，如图1-20所示。

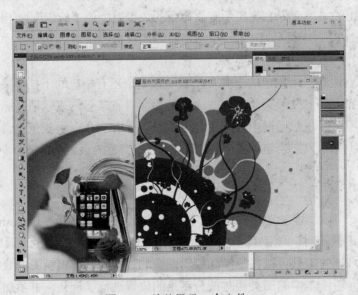

图1-20　单独显示一个文件

与之前版本不同的是，选择其他文件后，当前单独显示的文件并不会被覆盖，还是会在最上层显示，如图1-21所示。

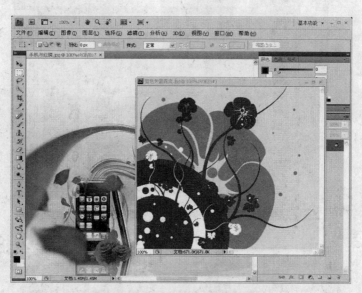

图1-21　选择其他文件后

**4. 调板**

调板是Photoshop CS4中最重要的组件之一，包括了许多实用、快捷的工具和命令，它们可以自由地拆开、组合和移动，为绘制和编辑图像提供了便利的条件。在Photoshop CS4中，所有调板组以图标形式显示在界面右侧，执行"窗口"菜单中的相应命令，即可打开对应的调板，总共包括11个调板组，如图1-22所示。

图1-22　调板图标显示

单击其中一个调板图标，该调板将显示，如图1-23所示；如果需要打开另外一个调板组，那么单击其中一个调板图标后，显示该调板组，如图1-24所示；使用鼠标按住调板组中任意一个调板的标题不放，向页面中拖动，拖动到调板组外时，松开鼠标左键，该调板将形成独立的调板，如图1-25所示。

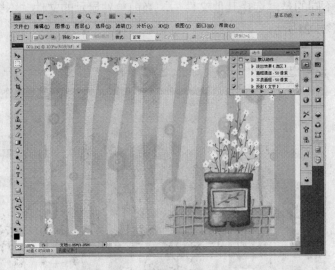

图1-23　显示调板

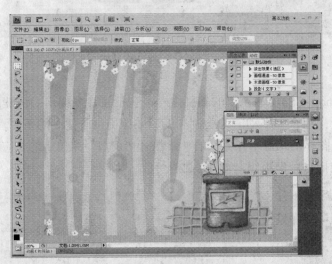

图1-24　显示另一调板组

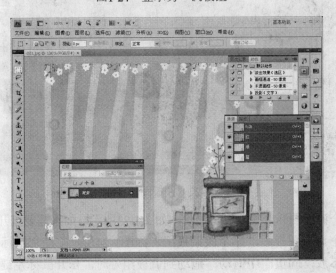

图1-25　单独显示调板

要想隐藏打开的调板，可以再次单击该调板的图标，或者是单击调板组右上角的双三角 ▶▶ 按钮。

绘制图形时，经常需要选择不同的选项和数值，此时，就可以通过调板来直接操作，通过选择"窗口"菜单中的各个命令可以显示或隐藏调板。

5. 状态栏

状态栏位于Photoshop CS4操作窗口的左下角，单击状态栏右侧的按钮，则弹出状态栏菜单，如图1-26所示。

图1-26　Photoshop CS4状态栏菜单

下面为按钮弹出菜单做简要说明。

- 显示版本：显示当前使用的Photoshop版本号。
- 在Bridge中显示：执行该命令，可在Adobe Bridge中显示当前文件。
- 显示：单击该命令后的三角形按钮时，可弹出其子菜单，在其中可选择相应命令显示当前正在编辑的文件的信息。

其中"显示"子菜单中的命令如下：

- Version Cue：打开嵌入的共享文件。
- 文档大小：在图像所占空间中显示当前所编辑图像的文档大小情况。
- 文档配置文件：在图像所占空间中显示当前所编辑图像的模式，如RGB、灰度、CMYK等。
- 文档尺寸：显示当前所编辑图像的尺寸大小。
- 测量比例：显示当前进行测量时的比例尺。
- 暂存盘大小：显示当前所编辑图像占用暂存盘的大小情况。
- 效率：显示当前编辑图像操作的效率。
- 计时：显示当前编辑图像操作所用去的时间。
- 当前工具：显示当前编辑图像时用到的工具名称。
- 32位曝光：曝光只在32位图像中起作用。

## 1.3　Photoshop CS4的新增功能

在Photoshop CS4中，除了常用的基本功能外，还增加了一系列的新功能。

1. 调整调板

"调整"调板是Photoshop CS4新增的组件之一，运用"调整"调板，用户可以通过创建填充或调整图层，在不破坏原始图层的状态下编辑图像的颜色和色调。

**2. 蒙版调板**

在"蒙版"调板中可以快速创建精确的蒙版。"蒙版"调板提供的工具和选项可以创建基于像素和矢量的可编辑的蒙版，还可以调整蒙版浓度和羽化参数，以及选择不连续的对象。

**3. 增强的图层混合与图层对齐功能**

使用增强的"自动对齐图层"功能可以创建更加精确的合成内容，也可以使用"球体对齐"命令创建360度全景图。

使用增强的"自动混合图层"功能可以将颜色和阴影进行均匀地混合，现在又延伸了景深，可自动校正晕影和镜头扭曲。

**4. 画布任意角度旋转**

使用工具箱中的"旋转视图工具" 可以平稳地旋转画布，以便以所需的任意角度无损查看绘图。

**5. 更平滑的平移和缩放**

使用更平滑的平移和缩放功能，顺畅地浏览图像的任意区域。在缩放到单个像素时图像仍能保持清晰，并且可以使用新的像素网格，轻松地在最高放大级别下进行编辑。

**6. 更完美地处理原始图像**

使用Adobe Photoshop Camera Raw 5.0增效工具在处理原始图像时，可以将校正应用于图像的特定区域、享受出色的转换品质，并且可以将裁剪后的晕影应用于图像。

**7. 使用Adobe Bridge CS4进行有效的文件管理**

使用Adobe Bridge CS4可以对素材进行高效管理，该应用程序可以快速启动，具有创建Web画廊和Adobe PDF联系表的超强功能，并且拥有适合处理各项任务的工作区。

**8. 功能强大的打印选项**

Photoshop CS4打印引擎能够与所有最流行的打印机紧密集成，还可预览图像的溢色区域，并支持在Mac机上进行16位图像的打印。

**9. 3D加速**

启用"首选项"对话框中的OpenGL绘图，可以加速3D操作。

**10. 功能全面的3D工具**

借助全新的光线描摹渲染引擎，可以直接在3D模型上绘画、将2D图像绕排3D形状、将渐变图转换为3D对象、为图层和文本添加景深，以及实现打印质量的输出，并且可以轻松导出常见的3D格式图像。

**11. 处理特大型图像的性能更为优秀（仅限于Windows）**

利用额外的内存，可以更快地处理特大型图像（用户需要安装64位版本的Microsoft Windows Vista的64位计算机）。

## 1.4　实例：自定义快捷键

Photoshop CS4中为常用命令、工具、调板菜单等都提供了快捷键，可用来协助用户使用键盘进行快速操作。用户可以使用Photoshop默认的快捷键，也可以根据自己的习惯自定义快捷键。

**1．新建快捷键**

（1）启动Photoshop CS4应用程序，打开其工作界面。

（2）执行"编辑"|"键盘快捷键"命令，打开"键盘快捷键和菜单"对话框，如图1-27所示。

图1-27　"键盘快捷键和菜单"对话框

 在"快捷键用于"下拉列表中可以选择其他的快捷键应用范围。

（3）在"应用程序菜单命令"列表中单击"编辑"前面的图标，将"文件"菜单命令展开，如图1-28所示。

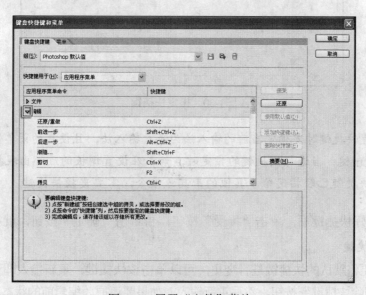

图1-28　展开"文件"菜单

（4）在"清除"命令一栏单击，此时将显示快捷键输入框，如图1-29所示。

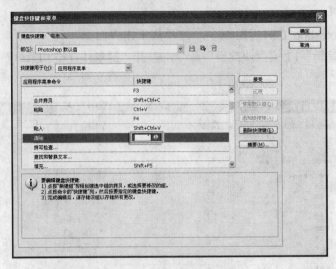

图1-29　快捷键输入框

（5）可以将此处的快捷键设置为Shift+Ctrl+Q键，此时对话框的状态，如图1-30所示。

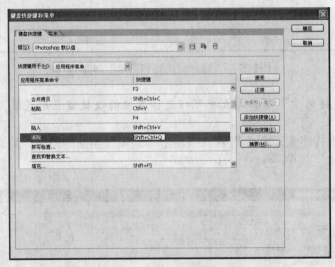

图1-30　指定快捷键

　在设置快捷键时要确定当前的输入法为英文输入法，且设置的菜单快捷键中必须包含Ctrl键。当进行快捷键的指定时，如果在设置调板的底部出现提示信息，表示此快捷键已经指定给了其他的工具或命令，需要更换快捷键。

（6）设置好快捷键后，单击"接受"按钮，再单击"确定"按钮，就指定完毕。

**2. 编辑快捷键**

用户如果要将默认的快捷键进行变更，可以单击该快捷键，重新输入即可；或者选中快捷键，单击"删除快捷键"按钮，然后重新输入。如果要还原为编辑前的状态，单击"还原"按钮，就可以实现还原操作。

## 1.5　Photoshop CS4参数设置

为了让Photoshop CS4运行得更为流畅，用户可以根据个人的计算机配置和工作习惯，对Photoshop中的一些选项进行设置。单击"编辑"|"首选项"菜单命令可打开"首选项"对话框，其中包含了一系列预置命令，通过这些命令可对系统默认值进行修改，让Photoshop CS4更好地为用户服务。

1. 常规

执行"编辑"|"首选项"|"常规"命令，可以打开如图1-31所示的默认状态下的"首选项"对话框，在该对话框中可以对软件的拾色器、图像插值以及历史记录等内容进行相应的设置。

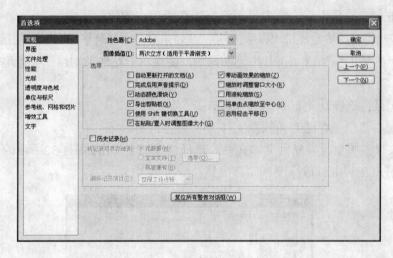

图1-31　　"首选项"对话框

对话框中各选项含义如下：

- 拾色器：在其下拉列表中可以选择Adobe拾色器或Windows拾色器，如果在Windows操作系统下工作，最好选择Adobe拾色器，因为Windows拾色器只涉及最基本的颜色，并且只允许从两种颜色模型中选出需要的颜色；而Adobe拾色器则可以根据4种颜色模型从整个色谱及PANTONE等颜色匹配系统中选择颜色。

- 图像插值：当使用"自由变换"或"图像大小"命令时，图像中的像素数目会随图像形状的改变而发生变化，此时系统会通过图像插值选项的设置来生成或删除像素。在计算机配置允许的情况下，最好选择"两次立方"选项，因为它可以获得较为精确的效果。

- 自动更新打开的文档：勾选该复选框，在其他程序中改动过的文件会在运行Photoshop CS4时自动更新。

- 完成后用声音提示：勾选该复选框，可以在完成操作命令后发出声音作为警告。

- 动态颜色滑快：勾选该复选框，设置的颜色会跟随滑快的移动而改变。

- 导出剪贴板：勾选该复选框，关闭Photoshop软件后，会将之前复制的内容保留在剪贴板中以供其他软件继续使用。

- 使用Shift键切换工具：勾选该复选框，在同一组工具中转换时，必须按住Shift键，如不勾选，就会恢复为使用快捷键转换。
- 在粘贴/置入时调整图像的大小：勾选该复选框，在粘贴或置入图像时，图像会根据当前文件的大小自动调整自身大小。
- 带动画效果的缩放：确定缩放是否带动画效果。勾选该复选框，在缩放图像时，会比较平滑，不会出现拖动痕迹。此项功能只有启用OpenGL绘图后才可以使用。要想启用OpenGL绘图，需要在"首选项"对话框中的"性能"设置区域中进行设置，此功能将在后面的内容中讲解。
- 缩放时调整窗口大小：勾选该复选框，使用快捷键缩放窗口时，窗口可以跟随图像变化自动调整大小。
- 用滚轮缩放：勾选该复选框，旋转鼠标上的滚轮即可缩放图像。
- 将单击点缩放至中心：确定是否使视图在所单击的位置居中。
- 启用轻击平移：确定使用"抓手工具"🖐轻击时是否继续移动图像。勾选该复选框后，使用"抓手工具"🖐单击并拖动图像后，图像不会在拖动的目标位置停留，会继续移动。
- 历史记录：选择历史记录的储存方式。
- 元数据：将信息存储到元数据文件。
- 文本文件：将信息存储到文本文件，选择该项后会弹出如图1-32所示的"存储"对话框，用户在其中可自行设置储存位置。

图1-32　"存储"对话框

- 两者兼有：将信息同时储存到元数据文件和文本文件中。
- 编辑记录项目：包含仅限工作进程、简明和详细项。
- 复位所有警告对话框按钮：单击该按钮，所有通过"不再显示"而隐藏的警告对话框均会重新显示。
- "上一个"按钮：单击该按钮可以跳回当前"首选项"对话框中设置命令的上一个命令。
- "下一个"按钮：单击该按钮可以跳到当前"首选项"对话框中设置命令的下一个命令。

2. 界面

执行"编辑"|"首选项"|"界面"命令，可以打开如图1-33所示的"首选项"对话框"界面"选项卡，用户在该对话框中可以对软件工作界面进行相应的设置。

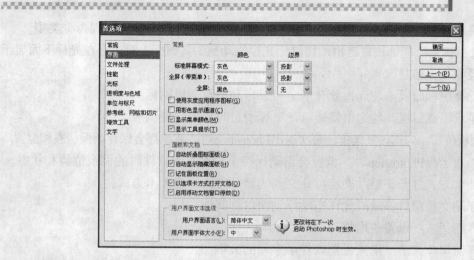

图1-33 "首选项"对话框"界面"选项卡

对话框中各选项含义如下。

- 标准屏幕模式：用来设置工作界面显示状态为"标准屏幕模式"时的"颜色"和"边界"。
- 全屏（带菜单）：用来设置工作界面显示状态为"全屏（带菜单）"时的"颜色"和"边界"。
- 全屏：用来设置工作界面显示状态为"全屏"时的"颜色"和"边界"。

 以上三个设置内容中的"颜色"和"边界"项的选择范围相同，其中"边界"包括"直线"、"投影"和"无"三个选项，用户可以自行选择界面的颜色和边界显示状态。如图1-34、图1-35、图1-36所示为"标准屏幕模式"下同一幅图像的不同"边界"状态显示。

图1-34 直线边界　　　　　图1-35 投影边界　　　　　图1-36 无边界

- 用彩色显示通道：勾选该复选框，可以将通道缩览图以通道对应的颜色显示。如图1-37所示为不勾选该复选框时的通道效果，如图1-38所示为勾选该复选框时的通道效果。

图1-37 不用彩色显示通道　　　　　　　　　图1-38 用彩色显示通道

- 显示菜单颜色：勾选该复选框，可以在菜单中以不同颜色来突出不同命令类型。
- 显示工具提示：勾选该复选框，将鼠标光标移动到工具图标上时，会在光标下面显示该工具的相关信息。
- 自动折叠图标面板：勾选该复选框，可以自动折叠调板图标。
- 自动显示隐藏面板：勾选该复选框，鼠标滑过时显示隐藏调板。
- 记住面板位置：勾选该复选框，每次退出Photoshop时，系统都会保存调板状态和位置，在下一次运行Photoshop时，调板会自动保持上一次关闭软件时的调板位置和状态。
- 以选项卡方式打开文档：确定打开文档的显示方式是选项卡方式。
- 启动浮动文档窗口停放：允许拖动浮动窗口到其他文档中。
- 用户界面语言：设置使用的语言。
- 用户界面字体大小：用来设置软件中字号的大小。

3. 性能

执行"编辑"|"首选项"|"性能"命令，可以打开如图1-39所示的"首选项"对话框"性能"选项卡，在该对话框中可以对软件工作环境的性能进行相应的调整。

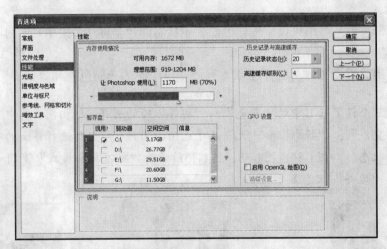

图1-39　"首选项"对话框的"性能"选项卡

对话框中各选项含义如下：
- 内存使用情况：用来分配给Photoshop软件的内存使用量。

 如果要获得Photoshop的最佳运行效果，建议将电脑物理内存占用的最大数量值设置在50%～75%之间。

- 历史记录状态：用来设置"历史记录"调板中可以保留的历史记录的数量。系统默认值为20，数值越大，保留的历史记录就越多，但是会消耗更多的系统资源。历史记录的最大值为1000。
- 高速缓存级别：用来设置高速缓存的级别。在进行颜色调整或图层调整时，Photoshop使用高速缓存来快速更新屏幕。

- 暂存盘：在处理图像时，如果系统没有足够的内存来执行命令，系统会将硬盘分区作为虚拟内存使用。Photoshop要求一个暂存磁盘的大小至少要是目标处理图像大小的3倍~5倍。用户可以按照硬盘分区设置多个暂存盘，如图1-40所示。

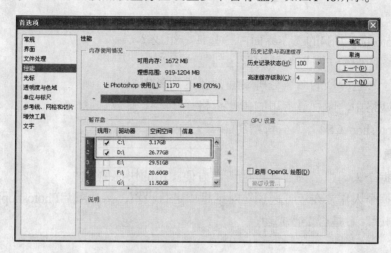

图1-40 设置多个暂存盘

 在设置暂存盘时，最好不要将第一暂存盘空间设置到安装Photoshop的磁盘中，这样会影响其工作性能。

- GPU设置：用来设置硬件加速设备。只有启动此功能，软件中的一些菜单和工具才可以使用，例如"3D"菜单、工具箱中的"3D旋转工具"和"3D环绕工具"等。启动OpenGL绘图功能需要的内存较高，如果内存过低，即使勾选这里的选项，软件中的部分功能也无法正常使用。内存超过1GB时就可以正常使用该功能，如图1-41所示。

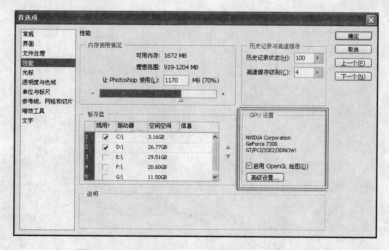

图1-41 在较高内存下启用OpenGL绘图功能

 能否启动"OpenGL绘图"功能和显卡的好坏也有较为紧密的关系，建议为计算机配置一个较好的独立显卡，以使各项功能能够顺利快速执行。

## 课后练习

1. 简答题

（1）Photoshop CS4的工作界面由哪几部分组成？

（2）位图图像和矢量图形的主要区别是什么？

（3）用于彩色印刷的图像分辨率通常要达到多少？

（4）在网络中，图片最常用的是什么格式？

（5）Photoshop CS4有哪些新增功能？

2. 操作题

（1）根据个人习惯，为自己设计一套方便实用的快捷键集。

（2）根据个人需要在"首选项"对话框中进行设置，然后重启Photoshop CS4，对设置的参数进行测试，看是否设置成功。

# 第2课

# Photoshop CS4基本操作

**本课知识结构**

  Photoshop作为一种流行的图像处理软件，在绘图和图形处理方面的能力是比较出众的。但是对于初学者来讲，在掌握这些技能之前，首先要熟悉Photoshop CS4的基本操作，比如调整图像和画布、控制图像显示等。掌握了这些技能之后，才能够在绘制或者编辑图像时得心应手。

  本课将就Photoshop CS4中的基本操作进行比较详细的讲解，目的是让读者掌握图像处理的基本操作方法，以便于以后在绘制和编辑图像时游刃有余。

**就业达标要求**

  ☆ 掌握调整图像和画布的方法  ☆ 了解"历史记录"调板

  ☆ 掌握如何控制图像显示  ☆ 了解"历史记录画笔"工具的使用方法

  ☆ 熟悉标尺、网格和参考线

## 2.1 实例：晚莲（调整图像和画布）

  图像的尺寸和分辨率对于设计者来说是非常重要的。无论是用于打印输出或在屏幕上显示的图像，制作时都需要设置图像的尺寸和分辨率，这样才能按要求进行创作。

  下面将以制作晚莲为例，详细讲解调整图像和画布的方法，完成效果如图2-1所示。

图2-1 实例完成效果

### 1. 调整图像大小

　　（1）执行"文件"|"打开"命令，打开本书配套资料\Chapter-02\"蓝色天空.jpg"文件，如图2-2所示。

　　（2）执行"图像"|"图像大小"命令，打开"图像大小"对话框，如图2-3所示，设置"宽度"数值为20厘米，这时"高度"也随之发生变化，设置"分辨率"参数为100像素/英寸，单击"确定"按钮完成设置。

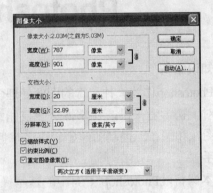

　　图2-2　素材文件　　　　　　　　图2-3　"图像大小"对话框

"图像大小"对话框中的各选项含义如下：

- 像素大小：用于显示图像的"宽度"和"高度"的像素值，在文本框中可以直接键入数值进行设置。
- 文档大小：用于设置图像的"宽度"、"高度"和"分辨率"，可以在文本框中直接输入数值进行设置，在其右侧的列表框中可以设置单位。
- 缩放样式：选中此复选框，可设置比例样式。
- 约束比例：选中此复选框，可以约束图像高度与宽度的比例，即改变宽度的同时高度也随之改变。
- 重定图像像素：选中此复选框，改变图像尺寸或分辨率，图像像素的数目会随之改变；取消此复选框，改变图像时像素固定不变，可以改变尺寸和分辨率。因此在其右侧的列表框中列出了5种插值的方式。

　　邻近（保留硬边缘）：一种速度快但精度低的图像像素模拟方法。该方法用于包含未消除锯齿边缘的插图，以保留硬边缘并生成较小的文件。但是，该方法可能产生锯齿状效果，在对图像进行扭曲或缩放时或在某个选区上执行多次操作时，这种效果会变得非常明显。

　　两次线性：中等品质的内插方式，具体来讲，它是一种通过平均周围像素颜色值来添加像素的方法。

　　两次立方（适用于平滑渐变）：以周围像素值的分析情况作为依据，速度较慢，但精度较高。该方法使用更复杂的计算，产生的色调渐变比"邻近"或"两次线性"更为平滑。

　　两次立方较平滑（适用于扩大）：一种基于两次立方插值且可以产生更平滑效果的有效图像放大方法。

两次立方较锐利（适用于缩小）：一种基于两次立方插值且具有增强锐化效果的有效图像减小方法。此方法在重新取样后的图像中保留细节。

单击"图像大小"对话框中的"自动"按钮，可以打开如图2-4所示的对话框。下面介绍"自动分辨率"对话框中各个选项的含义。

- 挂网：用于设置输出设备的网点频率。
- 品质：用于设置印刷的品质。设置为"草图"时，产生的分辨率与网点频率相同（不低于每英寸72像素）；设置为"好"时，产生的分辨率是网点频率的1.5倍；设置为"最好"时，产生的分辨率是网点频率的2倍。

2. 调整画布大小

（1）执行"图像"|"画布大小"命令，打开"画布大小"对话框，参照图2-5所示设置参数。

图2-4　"自动分辨率"对话框

图2-5　"画布大小"对话框

对话框中的各选项含义如下：

- 当前大小：显示当前图像画布的实际大小。
- 新建大小：用于设置调整之后画布的"宽度"和"高度"值。在"定位"选项组中，可以设置图像在窗口中的相对位置。
- 相对：勾选该复选框，输入的"宽度"和"高度"数值将不再代表图像的大小，而表示图像被增加或减少的区域大小。输入的数值为正值，表示要增加区域的大小；输入的数值为负值，表示要裁剪区域的大小。如图2-6、图2-7、图2-8所示为不勾选"相对"复选框时更改画布大小的各个状态，如图2-9、图2-10所示为勾选时的状态。

图2-6　原图

图2-7　设置画布大小

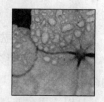

图2-8　裁剪效果

图2-9　勾选"相对"复选框　　　　　　　图2-10　裁剪效果

- 定位：用来设定在增加或减少图像时当前图像的位置。
- 画布扩展颜色：可以选择增加画布后的颜色，用户可以在下拉列表框中选择系统预设颜色，也可以通过单击后面的颜色图标打开"拾色器"对话框，在对话框中选择自己需要的颜色。

（2）完成设置后，单击"确定"按钮，这时在弹出的提示框中单击"继续"按钮，如图2-11所示，完成画布大小的设置，得到如图2-12所示效果。

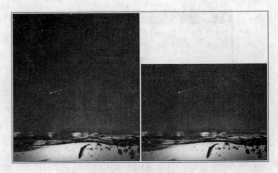

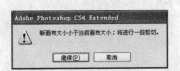

图2-11　弹出的提示框　　　　　　　　图2-12　设置后的效果

 改变"画布大小"与"图像大小"是两个截然不同的概念，使用"图像大小"命令只能改变图像的尺寸，而不会改变图像的原貌；改变"画布大小"则不但会改变图像尺寸，还可以改变图像的原貌。

3. 使用"裁剪"工具调整图像和画布大小

（1）打开配套资料\Chapter-02\ "荷花.psd"文件，如图2-13所示。使用"裁剪"工具 在视图中绘制定界框。

（2）将鼠标移动到定界框的外侧，这时鼠标为 状态，拖动鼠标，调整定界框的角度，如图2-14所示。

（3）按下键盘上的Enter键，将定界框以外的图像删除，如图2-15所示。

（4）使用"移动"工具 拖动荷花图像到正在编辑的文档中，调整图像位置，如图2-16所示。

从以上操作步骤中可以看出，使用"裁剪"工具 可以对当前编辑的图像进行精确剪切。选择"裁剪"工具 后，选项栏中会显示针对该工具的一些属性设置选项，如图2-17所示。

图2-13　打开素材文件

图2-14　调整定界框的角度

图2-15　裁剪图像效果

图2-16　拖动图像到文档中

图2-17　裁剪工具选项栏

选项栏中的各选项含义如下：

- 宽度/高度：用来设置裁切后图像的大小。
- 分辨率：用来设置裁切后图像使用的分辨率。
- 前面的图像：单击此按钮后，会在"宽度"、"高度"和"分辨率"的参数栏中显示当前处于编辑状态图像的相应参数值。
- 清除：单击此按钮后，裁切图像将会消除之前设定的参数，按照拖动鼠标产生的裁剪框来确定裁切大小。

在图像中创建裁剪框后，选项栏也会发生变化，如图2-18所示。

图2-18　创建裁剪框后的选项栏

选项栏中的各选项含义如下：

- 裁剪区域：用来设置被裁剪掉的区域的存留模式。选择"删除"单选按钮，系统会自动删除裁剪框外面的内容。选择"隐藏"单选按钮，系统会将裁剪框外面的内容隐藏在画布之外，使用移动工具在窗口中拖动时，可以看见被隐藏的部分。
- 屏蔽：可以将裁剪框外的图像遮蔽起来，以区分裁剪框内的图像，如果禁用，被裁剪的区域将呈原色显示，对比效果如图2-19、图2-20所示。
- 颜色：用来设置裁剪区域的显示颜色，如图2-21所示为设置颜色后的效果。
- 不透明度：用来设置裁剪区域显示颜色的透明程度，如图2-22所示为调整不透明度后的效果。

图2-19    裁剪时使用屏蔽颜色

图2-20    禁用屏蔽颜色

图2-21    设置裁剪区域的颜色

图2-22    调整裁剪区域的不透明度

- 透视：勾选该复选框，可以对裁剪框进行扭曲变形设置，如图2-23、图2-24所示；不勾选此复选框，只能对裁剪框进行缩放或旋转操作。

图2-23    对图像进行透视操作

图2-24    图像变形效果

### 4. 旋转画布

（1）打开配套资料\Chapter-02\ "水滴.psd" 文件，如图2-25所示。

（2）执行"图像"|"图像旋转"|"90度（逆时针）"命令，调整画布的角度，如图2-26所示。

（3）使用"移动"工具 ▶️ 拖动水滴图像到正在编辑的文档中，"图层"调板如图2-27所示，参照图2-28所示调整水滴图像的位置。

在进行平面设计时图像也会出现不规则的角度倾斜，此时只要执行菜单中"图像"|"图像旋转"|"任意角度"命令，即可打开"旋转画布"对话框，设置需要的角度和方向就可以得到相应的旋转效果，操作方法及效果如图2-29、图2-30、图2-31所示。

图2-25　"水滴"文件

图2-26　旋转画布

图2-27　"图层"调板

图2-28　调整图像位置

图2-29　原图

图2-30　"旋转画布"对话框

 使用"旋转画布"对话框可以旋转或翻转整个图像，但不适用于调整单个图层、图层中的一部分、选区以及路径。

5. 按选择区域裁剪图像

（1）打开配套资料\Chapter-02\"流星.jpg"文件。然后使用"矩形选框"工具 在视图中绘制如图2-32所示矩形选区。

图2-31　顺时针旋转后的效果

（2）执行"图像"|"裁剪"命令，将选区外的图像删除，并取消选区，得到如图2-33所示的效果。

（3）使用"移动"工具 拖动流星图像到正在编辑的文档中，并调整流星图像的位置，效果如图2-34所示。

图2-32　绘制选区　　　　　　　　　　　　图2-33　裁剪图像

 即使在图像中创建的是不规则选区，执行"裁剪"命令后图像仍然被裁剪为矩形。

　　除了运用"裁剪"命令可以裁剪图像外，还可以使用"裁切"命令对图像进行裁剪。裁切时，首先要确定删除的像素区域，如透明色或边缘像素颜色，然后将图像中与该像素处于水平或垂直的像素的颜色进行比较，再将其进行裁切删除。执行菜单中的"图像"｜"裁切"命令，打开图2-35所示的"裁切"对话框。

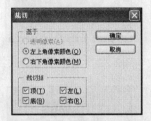

图2-34　复制图像　　　　　　　　　　　　图2-35　"裁切"对话框

对话框中的各选项含义如下：

- 基于：用来设置要裁切的像素颜色。"透明像素"表示删除图像的透明像素，该选项只有图像中存在透明区域时才会被激活，裁切透明像素的效果如图2-36、图2-37、图2-38所示。"左上角像素颜色"表示删除图像中与左上角像素颜色相同的图像边缘区域。"右下角像素区域"表示删除图像中与右下角像素颜色相同的图像边缘区域。

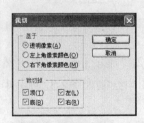

图2-36　原图　　　　　图2-37　裁切透明区域　　　　　图2-38　裁切效果

- 裁切掉：用来设置要裁切掉的像素位置。

### 6. 去除图像空白区域

下面以图2-39所示为例讲述三种去除空白区域的方法。

第一种，使用"裁剪"工具将空白区域剪切。这个方法可以准确去除图像的空白区域，方便快捷，如图2-40所示。

第二种，绘制选区，选择"图像"|"剪切"命令同样可以将空白区域的图像删除，得到需要的图像，如图2-41所示。

第三种，选择"图像"|"画布大小"命令，打开"画布大小"对话框，设置对话框的参数后，同样可以裁切图像，如图2-42、图2-43所示。

图2-39　原图

图2-40　"裁剪"图像

图2-41　"剪切"图像

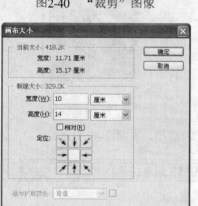

图2-42　使用"画布大小"
对话框裁切图像

图2-43　裁切后的效果

## 2.2　实例：郁金香（控制图像显示）

图像在Photoshop CS4中可以根据不同情况在画布中不同的位置，以不同的大小比例显示，具体来讲可以使用"缩放"工具 🔍 调整图像的显示比例，可以使用"抓手"工具 ✋ 移动图像的显示区域，还可以控制图像的颜色显示。下面将详细讲解如何控制图像的显示情况。

**1. 调整图像显示比例**

（1）打开配套资料\Chapter-02\"郁金香.jpg"文件。使用"缩放"工具 🔍 在视图中单击，将图像放大，如图2-44所示。

（2）在需要放大的图像上拖动鼠标，绘制矩形选框，如图2-45所示，释放鼠标后，矩形选框内的图像被放大，得到图2-46所示效果。

图2-44　放大图像　　　　图2-45　绘制矩形框　　　　图2-46　放大局部图像

（3）单击选项栏中的"缩小"按钮，这时在视图中单击，即可将图像缩小，如图2-47所示。

（4）参照图2-48所示，在视图左下角设置显示比例的参数，调整图像显示的大小。

图2-47　缩小图像　　　　　　　　　　　图2-48　缩放图像

选择"缩放"工具 后，选项栏中会显示相应的选项，如图2-49所示。

图2-49　"缩放"工具选项栏

选项栏中各选项含义如下：

· 放大：单击"放大"按钮，可以执行对图像的放大操作。

· 缩小：单击"缩小"按钮，可以执行对图像的缩小操作。

· 调整窗口大小以满屏显示：当放大或缩小图像视图时，窗口的大小会随之调整。

· 缩放所有窗口：当放大或缩小其中一幅图像时，其他图像将同时放大或缩小。

· 实际像素：使图像按100%的比例显示图像。

· 适合屏幕：调整图像正好填满可以使用的屏幕空间。

· 填充屏幕：图像将以工作窗口的最大化尺寸显示。

· 打印尺寸：图像将以打印尺寸显示。

2. 移动显示区域

（1）使用"抓手"工具 在视图中单击并拖动鼠标，即可调整图像显示的位置，如图2-50、图2-51所示。

图2-50　缩放图像　　　　　　　　　　　　　　　图2-51　移动显示区域

（2）打开配套资料\Chapter-02\"菊花背景.jpg"文件。选择"抓手"工具 ，在"抓手"工具选项栏中勾选"滚动所有窗口"复选框，如图2-52所示。

图2-52　"抓手"工具选项栏

（3）在视图中单击并拖动鼠标，释放鼠标后，即可调整所有打开图像的位置，如图2-53、图2-54所示。

图2-53　素材图像　　　　　　　　　　　　　　　图2-54　移动位置后

### 3．切换屏幕显示模式

执行"视图"|"校样颜色"命令，即可将视图中的图像以CMYK模式显示，如图2-55所示。再次执行该命令，可恢复屏幕显示模式。

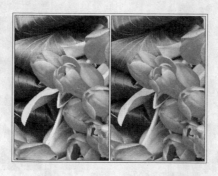

图2-55　切换屏幕显示模式

## 2.3　实例：抽线效果（标尺、网格和参考线）

设计者在平时的创作中使用软件提供的辅助工具可以大大提高工作效率。Photoshop CS4中的辅助工具主要包括标尺、网格和参考线。下面将以制作如图2-56所示的抽线效果为例，来向大家介绍辅助工具的具体使用方法。

### 1. 标尺

标尺显示了当前正在应用的测量系统，它可以帮助用户确定任何窗口中对象的大小和位置。大家可以根据工作需要重新设置标尺属性、标尺原点以及位置。在默认状态下，标尺显示在窗口的顶部和左侧。

（1）打开配套资料\Chapter-02\"七星瓢虫.jpg"文件。执行"视图"|"标尺"命令，打开标尺，如图2-57所示。

图2-56　抽线效果　　　　　　图2-57　打开标尺

（2）右击标尺，在弹出的快捷菜单中选择"像素"选项，即可设置标尺的单位，如图2-58所示。

 单击标尺原点并将其拖动至窗口内合适的位置，松开鼠标后，即完成原点位置的设置，操作过程如图2-59、图2-60、图2-61所示。在视图左上角的纵横交叉区域内双击鼠标，可以将标尺原点还原。

图2-58　设置标尺单位　　　　　　图2-59　原图

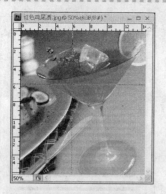

图2-60　拖移鼠标

图2-61　更改标尺原点

## 2. 网格

网格是由一连串的水平和垂直点所组成，经常被用来协助绘制图像和对齐窗口中的任意对象。默认状态下网格是不可见的。

（1）执行"视图"|"显示"|"网格"命令，将显示网格参考线，如图2-62所示。

（2）执行"编辑"|"首选项"|"参考线、网格和切片"命令，打开"首选项"对话框"参考线、网格和切片"选项卡，参照图2-63所示设置参数。

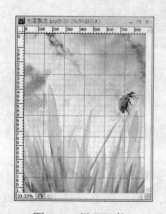

图2-62　显示网格

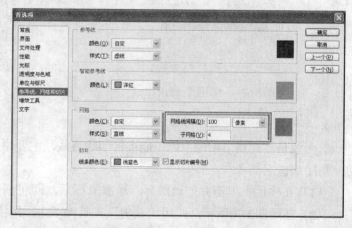

图2-63　"首选项"对话框"参考线、网格和切片"选项卡

（3）完成设置后，单击"确定"按钮，关闭对话框，得到如图2-64所示的效果。

（4）参照图2-65所示，使用"矩形选框"工具 依照网格绘制多个矩形选区。

（5）新建"图层1"，为选区填充白色。然后按快捷键Ctrl+Shift+I，反转选区，为选区填充黑色，取消选区，得到图2-66所示效果。

（6）保持"图层1"为选中状态，在"图层"调板中设置混合模式为"柔光"选项，如图2-67所示，获得的效果如图2-68所示。

图2-64　设置后的效果

图2-65    绘制选区

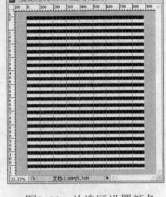

图2-66    为选区设置颜色

图2-67    "图层"调板

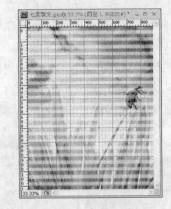

图2-68    图像效果

### 3. 参考线

参考线是浮在整个图像上但不能被打印的直线，主要用来协助对齐和定位对象，可以移动、删除或锁定参考线。

（1）在标尺上单击并拖动鼠标，释放鼠标后，即可创建参考线，如图2-69所示。

（2）参照图2-70所示，使用"裁剪"工具 在视图中绘制定界框，按下键盘上的Enter键，将不完整的图像删除。

（3）配合键盘上Ctrl+R、Ctrl+'组合键，关闭标尺和网格，得到如图2-71所示的效果。

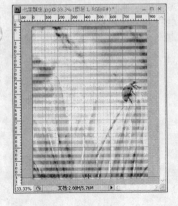

图2-69    创建参考线

图2-70    裁剪图像

图2-71    关闭标尺和网格

除了可以使用鼠标拖出参考线外，用户还可以通过执行"视图"|"新建参考线"命令，在打开的"新建参考线"对话框中设置参考线，方法如图2-72、图2-73所示。

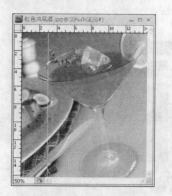

图2-72 "新建参考线"对话框

图2-73 新建垂直参考线

如果需要删除图像中所有的参考线，执行"视图"|"清除参考线"命令，就可以将图像中的所有参考线删除。如果只是要删除一条或几条参考线，使用"移动"工具 ▶拖动要删除的参考线到标尺处即可。

执行"视图"|"显示"|"参考线"命令，可以完成对参考线的显示与隐藏；执行"视图"|"锁定参考线"命令，可以完成对参考线的锁定与解锁。

 图像中的参考线只有在标尺存在的前提下才可以使用。

## 2.4 实例：奔驰的汽车（历史记录画笔工具）

使用"历史记录画笔"工具 ☑结合"历史记录"调板，可以帮助用户方便地恢复图像上之前执行的任意操作。"历史记录画笔"工具 ☑的使用方法与"画笔"工具较为相似，只是需要结合"历史记录"调板，才能更方便地发挥其功能。

下面将制作图2-74所示的油画效果，我们将通过本例向大家介绍如何使用"历史记录画笔"工具 ☑结合"历史记录"调板对图像进行恢复。

### 1. 历史记录画笔工具

（1）打开配套资料\Chapter-02\"汽车.jpg"文件，如图2-75所示。

图2-74 油画效果

图2-75 素材图像

（2）选择"滤镜"|"模糊"|"动感模糊"命令，打开"动感模糊"对话框，参照图2-76所示设置对话框中的参数，单击"确定"按钮完成设置，为图像添加动感模糊效果，如图2-77所示。

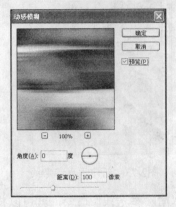

图2-76　"动感模糊"对话框

图2-77　添加滤镜效果

图2-78　"历史记录"调板

（3）在"历史记录"调板中的"打开"历史记录状态前单击，设置历史记录画笔的源，如图2-78所示。

（4）参照图2-79所示，使用"历史记录画笔"工具 在视图中绘制，得到历史记录画笔的源图像。

图2-79　绘制源图像

**2. 历史记录艺术画笔工具**

在"历史记录画笔"工具 的工具组中，还包括"历史记录艺术画笔"工具 ，如图2-80所示。使用"历史记录艺术画笔"工具 结合"历史记录"调板也可以很方便地恢复图像。

图2-80　"历史记录画笔"工具组

"历史记录艺术画笔"工具 通常用在制作艺术效果图像方面，其使用方法与"历史记录画笔"工具 基本相同。

在工具箱中单击"历史记录艺术画笔"工具 后，选项栏会自动显示所对应的选项设置，用户可以根据需要进行相应的属性设置，如图2-81所示。

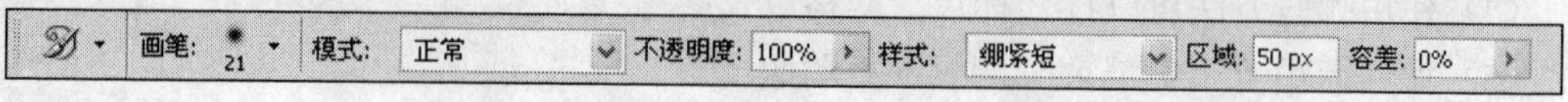

画笔:
21
模式:
正常
不透明度:
100%
样式:
绷紧短
区域:
50 px
容差:
0%

图2-81 “历史记录艺术画笔”工具选项栏

选项栏中各选项含义如下：

• 样式：用来控制产生艺术效果的风格，具体效果如图2-82所示。

原图
绷紧短
绷紧中
绷紧长
松散中等
松散长
轻涂
绷紧卷曲
绷紧卷曲长
松散卷曲
松散卷曲长

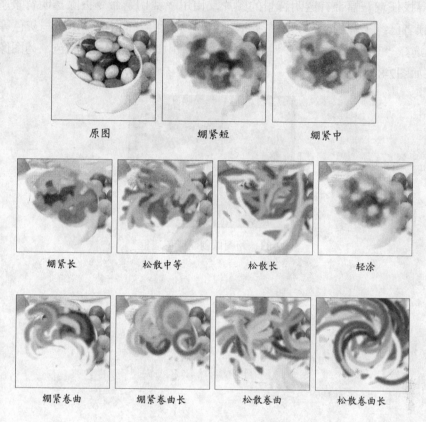

图2-82 各种艺术效果风格

• 区域：用来控制产生艺术效果的范围，取值范围是0～500，数值越大，范围越广。

• 容差：用来控制图像的色彩保留程度。

3. 历史记录调板

“历史记录”调板将记录对图像的操作并存储操作，选择任意历史记录状态可以将图像转换到所选状态。需要注意的是“历史记录”调板只记录当前的操作，当文档存储并关闭后，这些记录不存储，也就是说打开后“历史记录”调板为初始状态。

## 课后练习

1. 简答题

（1）如何在调整图像大小时保持比例不变？

（2）如何使图像旋转任意角度？

（3）图像怎样才能以实际像素显示？

（4）使用哪些方法可以打开标尺、网格以及参考线？

（5）如何运用"历史记录"调板恢复图像？

（6）"历史记录艺术画笔"工具 ✐选项栏中包含哪些样式？

2. 操作题

（1）寻找任意一幅带有透明背景的图片，使用"裁切"命令去除透明背景。

（2）读者已经了解到，在"画布扩展颜色"列表中除了白色、黑色与灰色等现有颜色外，还可以选择"其他"选项，在"拾色器"对话框中选择任意一种颜色，为图像添加彩色边框，效果如图2-83所示。

图2-83　为图像创建绿色边框

# 选 区

**本课知识结构**

在Photoshop中编辑和处理图像时，只有选定要执行操作的区域范围时，才可以进行有效的编辑，而选取范围以外的图像区域不会被影响。选取范围的优劣、准确与否，都与图像编辑的成败有着密切的关系。因此，在最短时间内进行有效、精确地选取能够提高工作效率和图像质量。

使用选取工具进行范围选取是一项比较重要的工作，本课将就创建、编辑、运算选区等操作进行详细讲解，希望读者通过本课的学习，可以对选区及其相关操作有一个全面了解，从而对日后的学习和工作都有所帮助。

**就业达标要求**

☆ 认知选区的含义及相关理论知识　　☆ 掌握编辑选区的方法

☆ 掌握如何使用选框工具创建选区　　☆ 掌握如何应用选区

☆ 掌握如何使用套索工具创建选区　　☆ 掌握如何修饰选区

☆ 掌握如何使用颜色范围创建选区　　☆ 掌握如何进行图像变换

☆ 掌握如何进行选区运算

## 3.1　选区概述

选区的创建是Photoshop中最基本的编辑功能，要想很好地利用选区，首先要对选区有一个全面的了解。下面编者将对选区的相关理论进行介绍。

### 1. 选区的含义

通过工具或者相应命令在图像上创建的选取范围被称为选区。创建选取范围后，可以将选区内的区域进行隔离，以便复制、移动、填充或进行颜色校正。因此，在对图像进行编辑之前，首先要了解Photoshop CS4中创建选区的方法和技巧。

在Photoshop中设置选区时，是以像素为基础的，而不是以矢量为基础。在以矢量为基础的软件中，可以使用鼠标直接对某个对象进行选择或者删除。而在Photoshop中，画布是以彩色像素或透明像素填充的。当在工作图层中对图像的某个区域创建选区后，该区域的像素将会处于被选取状态，此时对该图层进行具体编辑操作时，被编辑的范围将会只局限于选区内。创建的选区可以是分开的，也可以是连续的。

2. 在处理图像时选区所起到的作用

在图像中创建选区后，编辑图像时，被编辑的范围将会局限在选区内，而选区以外的像素会处于被保护状态，不能被编辑。

3. 用来创建选区的工具及命令

在Photoshop CS4中，用来创建选区的工具主要分为创建规则选区与不规则选区两大类。这些工具分别集中在选框工具组、套索工具组和魔棒工具组以及"色彩范围"对话框中。

## 3.2 实例：图形化文字（使用选框工具创建选区）

在Photoshop CS4中，用来创建规则选区的工具被集中在选框工具组中，其中包括可以创建矩形选区的"矩形选框"工具 □、创建正圆与椭圆选区的"椭圆选框"工具 ○以及用来创建长或宽为一个像素的选区的"单行选框"工具 ━ 和"单列选框"工具 ┃。

下面将通过制作图形化文字效果来向大家介绍选框工具组中各个工具在创建选区时的使用方法，本例完成效果如图3-1所示。

1. 矩形选框工具

（1）选择"文件"|"新建"命令，打开"新建"对话框，参照图3-2所示设置页面大小，单击"确定"按钮，创建一个新文档。

图3-1　完成效果

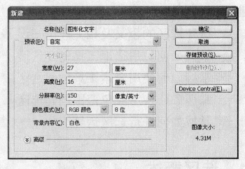

图3-2　"新建"对话框

（2）选择"矩形选框"工具 □，在视图中单击并拖动鼠标，绘制矩形选区，如图3-3所示。

（3）新建"图层 1"，为选区填充深褐色，按快捷键Ctrl+D，取消选区，如图3-4所示。

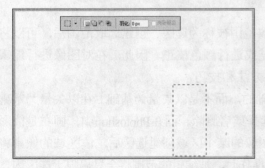

图3-3　绘制矩形选区

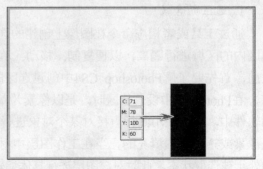

图3-4　为选区填充颜色

（4）按住键盘上的Alt键，使用"矩形选框"工具 在视图中绘制矩形选区，这时将以起始点为中心点绘制选区，如图3-5所示。新建"图层 2"，为选区填充深褐色（C：71、M：78、Y：100、K：60）。

（5）以相同方法，使用"矩形选框"工具 继续在视图中绘制矩形图像，效果如图3-6所示，"图层"调板如图3-7所示。

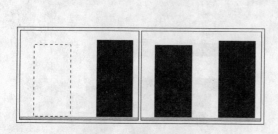

图3-5 绘制矩形

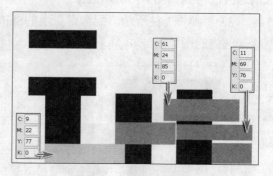

图3-6 绘制矩形

 绘制矩形选区的同时按住Shift键，可以绘制出正方形选区，如图3-8所示。

图3-7 "图层"调板

图3-8 绘制正方形选区

2. 椭圆选框工具

（1）选择"椭圆选框"工具 ，配合键盘上Shift键在视图中单击并拖动鼠标，即可绘制正圆选区，如图3-9所示。

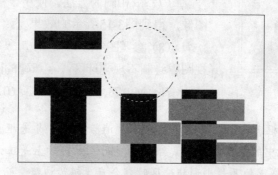

图3-9 绘制正圆选区

**技巧** 绘制椭圆选区时，选择起始点的同时按住Alt键，可以以起始点为中心向外创建椭圆选区；选择起始点后，按住Alt+Shift键可以以起始点为中心向外创建正圆选区。

（2）新建"图层 10"，为正圆选区填充深褐色（C：71、M：78、Y：100、K：60），取消选区，得到如图3-10所示效果。

（3）参照图3-11所示，配合键盘上的Shift键继续绘制正圆选区，并按键盘上的Delete键删除选区内的图像。

图3-10　为选区填充颜色

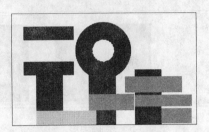
图3-11　删除图像

（4）以相同的方法，使用"椭圆形选框"工具○在视图中绘制椭圆图像，并将绘制的椭圆形放在独立的图层中，效果如图3-12所示。

（5）参照图3-13所示，在"图层"调板中设置不透明度参数，分别为图像添加透明效果。

图3-12　绘制椭圆图像

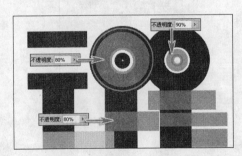
图3-13　添加透明效果

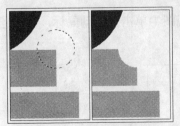
图3-14　删除图像

（6）使用"椭圆选框"工具○在视图中绘制椭圆选区，按键盘上Delete键删除选区内的图像，如图3-14所示。

（7）以相同的方法，使用"椭圆选框"工具○修饰图像，得到图3-15所示的效果。

（8）参照图3-16所示，使用"多边形套索"工具▽在视图中绘制不规则选区，在新建的图层中为选区填充颜色（C：71、M：78、Y：100、K：60），并取消选择选区。

**提示** 选择"椭圆选框工具"后，选项栏中的"消除锯齿"复选框被激活，如图3-17所示。Photoshop中的图像是以像素组成的，而像素实际上是正方形的色块，所以当创建圆形选区或其他不规则形状选区时就会产生锯齿边缘。而消除锯齿边缘的原理就是在锯齿之间填入中间色调，这样就从视觉上消除了锯齿现象，效果如图3-18、图3-19所示。

图3-15 修饰图像

图3-16 绘制图像

图3-17 "椭圆选框工具"选项栏

图3-18 消除锯齿

图3-19 不消除锯齿

**3. 单行和单列选框工具**

（1）选择"单行选框"工具 ，在视图中单击，创建单行选区，如图3-20所示。

（2）选中相应图层，按快捷键**Ctrl+J**，将选区内的图像复制并粘贴到新建的图层中，移动图像位置，得到如图3-21所示的效果。

（3）使用"单列选框"工具 ，在相应图层中单击，创建1像素宽的选区。按快捷键**Ctrl+J**，将选区内的图像复制并粘贴到新建的图层中，移动图像位置，如图3-22所示。

图3-20 创建选区

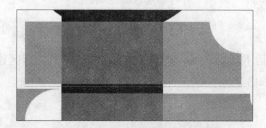

图3-21 复制图像

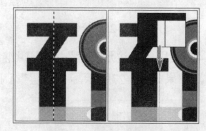

图3-22 创建单列选区

## 3.3 实例：时尚图像（使用套索工具创建选区）

在多数情况下要选取的范围并不是规则的区域范围，因此Photoshop专门提供了用来创建不规则选区的套索工具组。套索工具组包含三个工具，即"套索"工具 、"多边形套索"工具 和"磁性套索"工具 。

下面将制作如图3-23所示的时尚图像，通过此例，我们将向读者讲解套索工具组在实际操作中是如何运用的。

**1.多边形套索工具**

（1）选择"文件"|"新建"命令，打开"新建"对话框，参照图3-24所示设置页面大小，单击"确定"按钮，创建一个新文档，然后为背景填充黄色（C：4、M：3、Y：44、K：0）。

图3-23　时尚图像效果

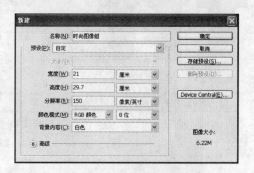

图3-24　"新建"对话框

（2）使用"多边形套索"工具在视图中单击，绘制多边形选区的第一个点，拖动鼠标，在视图中单击，确定第二点，继续绘制选区，需要闭合选区时，在视图中双击即可。也可以移动鼠标与第一个单击位置重合以闭合路径，如图3-25所示。

（3）新建"图层 1"，为选区填充浅绿色（C：55、M：0、Y：37、K：0），按快捷键Ctrl+D，取消选区，如图3-26所示。

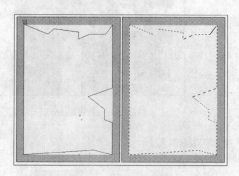

图3-25　绘制选区

图3-26　为选区填充颜色

（4）使用"多边形套索"工具继续绘制不规则选区，并且在新建的图层中为选区设置颜色，效果如图3-27所示，"图层"调板如图3-28所示。

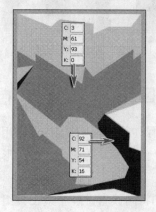

图3-27　绘制多边形选区

图3-28　"图层"调板

使用"多边形套索"工具绘制选区时，按住Shift键可沿水平、垂直或与之成45度角的方向绘制选区；在终点没有与起始点重叠时，双击鼠标或按住Ctrl键的同时单击鼠标即可创建封闭选区。

### 2. 套索工具

（1）使用"套索"工具在视图中拖动鼠标绘制选区，松开鼠标后，即可闭合选区。然后在新建的图层中为选区填充黄色，如图3-29所示。

（2）参照图3-30所示，使用"套索"工具继续在视图中绘制选区，并在新建的图层中为选区设置颜色。

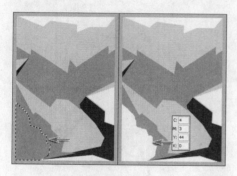

图3-29 绘制选区

图3-30 继续绘制选区

### 3. 磁性套索工具

（1）打开配套资料\Chapter-03\"单色人物.jpg"文件，如图3-31所示。

（2）选择"磁性套索"工具，并在选项栏中设置其参数，如图3-32所示。

下面介绍"磁性套索工具"选项栏中各个选项的含义。

- 宽度：用于设置检测的边缘宽度，其取值范围在1像素～40像素之间，值越小检测越精确。

- 边对比度：用于设置对颜色反差的敏感程度，其取值范围在1%～100%之间，数值越高，敏感度越低。

图3-31 素材文件

- 频率：用于设置选取时的节点数，其取值范围在0～100之间。数值越高选取的节点越多，得到的选取范围也越精确。

- 钢笔压力：用于设置绘图板的钢笔压力。

图3-32 "磁性套索"工具选项栏

（3）使用"磁性套索"工具在人物图像上单击确定选区的起点，沿图像边缘拖动鼠标，在图像上添加紧固点，当移动鼠标到起点时，鼠标变为状态，单击即可封闭选区，如图3-33所示。

提示　使用"磁性套索"工具 创建选区时，如果在对象边缘的外面生成了多余的紧固点，按键盘上Delete键，即可将其删除。

（4）使用"移动"工具 拖动选区内的图像到正在编辑的文档中，按快捷键Ctrl+T，调整图像大小与位置，如图3-34所示。

（5）以相同的方法，使用"磁性套索"工具 选取素材图像，然后复制图像到正在编辑的文档中，调整图像大小与位置，如图3-35所示。

（6）打开配套资料\Chapter-03\"双色文字.psd"文件。使用"移动"工具 拖动素材图像到正在编辑的文档中，调整图像位置，如图3-36所示。

图3-33　创建选区

图3-34　调整图像

图3-35　复制并调整图像

图3-36　添加素材图像

## 3.4　实例：笔记本广告（使用颜色范围创建选区）

在Photoshop CS4中，不仅可以根据图像的外形创建选区，还可以根据图像中的颜色创建选区。Photoshop CS4提供了"魔棒"工具 、"快速选择"工具 以及"色彩范围"命令来实现此功能。下面将以本节制作的笔记本广告为例，向大家讲解如何使用颜色范围方式创建选区，完成效果如图3-37所示。

1. 魔棒工具

（1）打开配套资料\Chapter-03\"电脑.jpg"、"笔记本广告背景.jpg"文件，如图3-38、图3-39所示。

（2）参照图3-40所示，使用"魔棒"工具 在视图中单击白色区域，形成选区。

图3-37 完成效果

图3-38 "电脑"素材图像

图3-39 背景素材图像

图3-40 选取白色区域

选项栏中的各选项含义如下:

- 容差:在选框中输入的数值越小,选取的颜色范围就越接近;输入的数值越大,选取的颜色范围就越广。在文本中可输入的数值为0~255,系统默认为32。如图3-41所示的图像是容差为默认参数32时的选取效果;如图3-42所示的图像是容差为200时的选取效果。

图3-41 容差为32的效果

图3-42 容差为200的效果

- 连续:勾选"连续"复选框后,选取范围只能是颜色相近的连续区域;不勾选"连续"复选框,选取范围可以是颜色相近的所有区域,区别如图3-43、图3-44所示。

图3-43 只选取相邻的区域

图3-44 选取所有的相近颜色

图3-45　移入图像

（3）按快捷键Ctrl+Shift+I，反转选区。使用"移动"工具 ▶⊕ 拖动选区内的图像到"笔记本广告背景.jpg"文件中，调整图像位置，如图3-45所示。

（4）单击"图层"调板底部的"添加图层样式" *fx.* 按钮，在弹出的快捷菜单中选择"投影"命令，打开"图层样式"对话框，参照图3-46所示设置对话框参数，单击"确定"按钮完成设置，为图像添加投影效果，如图3-47所示。

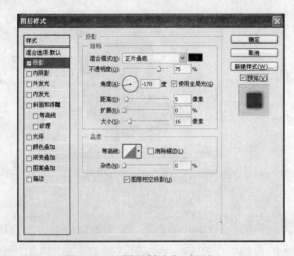

图3-46　"图层样式"对话框

图3-47　为图像添加投影效果

（5）在"图层"调板中拖动"图层 1"到"创建新图层" ▣ 按钮位置，释放鼠标后，复制图层为"图层 1 副本"，调整图像大小与位置，"图层"调板如图3-48，图像效果图3-49所示。

图3-48　"图层"调板

图3-49　图像效果

## 2. 快速选择工具

（1）使用"快速选择"工具 ◤ 在视图中单击并拖动鼠标，选区会向外扩展并自动查找和跟随图像中定义的边缘，释放鼠标后，得到图3-50所示的效果。

提示　如果要选取较小的图像时，可以将画笔直径按照图像大小进行适当的调整，这样可以使选取更加精确。

（2）单击"调整"调板中的"创建新的色相/饱和度调整图层" ▆▆▆按钮，切换到"色相/饱和度"调板，参照图3-51所示设置参数，调整图像颜色，如图3-52所示效果。

图3-50　快速创建选区

图3-51　"调整"调板

**3. "色彩范围"命令**

（1）打开配套资料\Chapter-03\"炫彩素材.jpg"文件，如图3-53所示。

图3-52　调整图像颜色

图3-53　素材图像

（2）选择"选择"|"色彩范围"命令，打开"色彩范围"对话框，设置"颜色容差"参数为10，单击"添加到取样" ✏按钮，在视图中单击背景图像，使背景图像在预览框中显示为白色，如图3-54所示。

对话框中的各选项含义如下：

- 选择：用来设置创建选区的方式。在下拉菜单中可以选择创建选区的方式，包括取样颜色、红色、黄色、绿色、高光、中间调、阴影等选项。
- 颜色容差：用来设置被选颜色的范围。数值越大，选取相同像素的颜色范围越广。只有在"选择"下拉列表框中选择"取样颜色"项时，该项才会被激活。
- 选择范围：选择该单选按钮，在预览区域中显示的是选择区域。
- 图像：选择该单选按钮，在预览区域中显示的是图像，如图3-55所示。
- 选区预览：用来控制在预览图像时显示选区的方式，包括无、灰度、黑色杂边、白色杂边和快速蒙版。

无：不设定预览。

灰度：以灰度方式显示预览，选区为白色，如图3-56所示。

黑色杂边：选区显示为原图像，不是选区的区域以黑色覆盖，如图3-57所示。

白色杂边：选区显示为原图像，不是选区的区域以白色覆盖，如图3-58所示。

图3-54　"色彩范围"对话框

图3-55　选择"图像"单选按钮

图3-56　灰度方式

图3-57　黑色杂边方式

快速蒙版：选区显示为原图像，不是选区的区域以半透明蒙版方式显示，如图3-59所示。

图3-58　白色杂边方式

图3-59　快速蒙版方式

· 载入：可以将之前制作的文件作为选区的预设载入。

· 存储：可以将当前制作的效果设置存储下来。

· "吸管工具" ![]按钮：选择该按钮，可以在图像中任意位置单击，所单击区域的色彩信息将作为载入选区的依据。

· "添加到取样" ![]按钮：选择该按钮后在图像中单击，可以将单击位置的颜色信息添加到已有的选区范围内。

· "从取样中减去" ![]按钮：选择该按钮后，在图像中已创建选区的部位单击，可以将被单击的区域从已创建的选区范围内删除。

· 反相：勾选该复选框，可以反选创建的选区。

（3）完成设置后，单击"确定"按钮，得到如图3-60所示的选区。

（4）按快捷键Ctrl+Shift+I，反转选区。使用"移动"工具 ▶↕ 拖动选区内的图像到正在编辑的文档中，如图3-61所示。

图3-60　形成选区

图3-61　拖入图像

（5）参照图3-62、图3-63所示，调整图层位置，并运用快捷键Ctrl+T，调整素材图像的大小与位置。

图3-62　"图层"调板

图3-63　调整图像

## 3.5　实例：时间的隧道（选区的运算）

在Photoshop CS4中，用于创建选区的工具选项栏中都提供了关于选区运算的功能按钮，用户可以通过这些按钮完成设计中需要的选区运算，从而创作出优秀的设计作品。下面将通过制作时间的隧道这一实例，向大家讲解如何对选区进行运算，完成效果如图3-64所示。

1. 选区的运算

（1）打开配套资料\Chapter-03\ "格子纹理.jpg" 文件，如图3-65所示。

图3-64　完成效果

（2）参照图3-66所示，使用"多边形套索"工具 ♥ 绘制不规则选区。

（3）选择"矩形选框"工具 □，并在选项栏中设置其参数，单击选项栏中的"从选区减去" ┏ 按钮，在原有选区中单击创建矩形选区，释放鼠标后，将绘制的选区与图像原有选区重叠的部分删除，如图3-67所示。

（4）单击选项栏中的"添加到选区" ┗ 按钮，在原有选区中单击创建矩形选区，释放鼠标后，将绘制的选区与原有选区合并为一个选区，如图3-68所示。

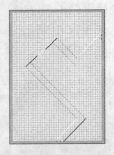

图3-65　素材文件　　　　　　　　　　　　　图3-66　绘制选区

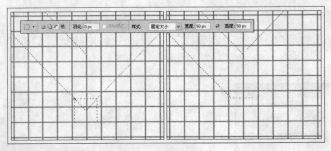

图3-67　修剪选区

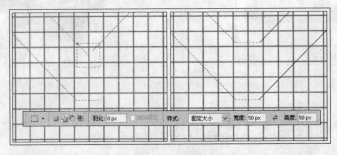

图3-68　添加到选区

 在绘制矩形或椭圆选区时，在不松开鼠标的状态按下空格键，可以移动选区的位置，松开空格键，还可以继续绘制选区。

（5）选择"椭圆选框"工具 ○，并在选项栏中设置其参数，单击选项栏中的"添加到选区" □按钮，在原有选区中单击创建正圆选区，释放鼠标后，得到如图3-69所示的带有圆角的选区。

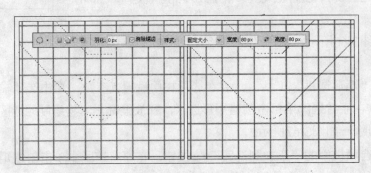

图3-69　得到的选区

（6）单击选项栏中的"从选区减去" ┏按钮，在原有选区中单击创建正圆选区，释放鼠标后，修剪选区得到图3-70所示效果。

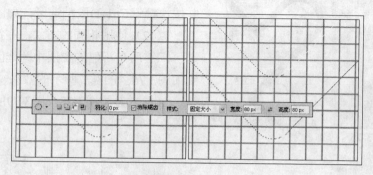

图3-70　修剪选区

（7）使用同步骤（3）~步骤（6）相同的方法，继续在视图中修剪选区，得到图3-71所示效果。

（8）参照图3-72所示，选择"椭圆选框"工具 ○，并单击选项栏中的"添加到选区" ┗按钮，然后使用快捷键Alt+Shift在原有选区中绘制正圆选区，释放鼠标后，将其合并为一个选区。

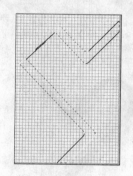

图3-71　继续修剪选区

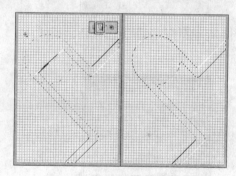

图3-72　合并选区

（9）单击选项栏中的"从选区减去" ┏按钮，并使用"椭圆选框"工具 ○在原有选区上绘制正圆选区，修剪选区，如图3-73所示。

（10）参照图3-74所示，使用"多边形套索"工具 ♥在视图中绘制选区，将绘制的选区与原有选区重叠的部分删除。

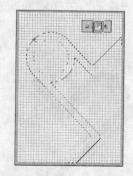

图3-73　从选区减去正圆选区

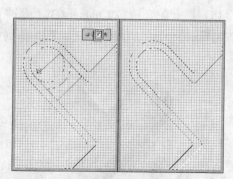

图3-74　修剪选区

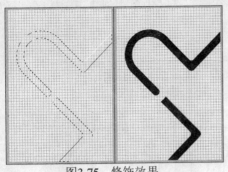

图3-75　修饰效果

（11）使用以上相同的方法，继续对选区进行修饰，然后新建"图层 1"，为选区填充黑色，并按快捷键Ctrl+D取消选区，如图3-75所示。

（12）使用相同的方法，在视图中继续绘制选区，然后在新建的图层中为选区设置颜色，得到如图3-76、图3-77所示的效果。

（13）参照图3-78、图3-79所示，调整图像位置。

图3-76　绘制选区后的"图层"调板

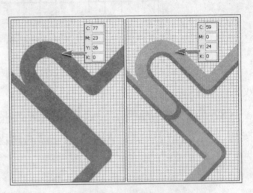

图3-77　绘制图像

图3-78　"图层"调板中的状态

图3-79　调整图像位置

（14）参照图3-80所示，使用"多边形套索"工具 在视图右下角继续绘制选区，并在新建的图层中为选区填充颜色。

（15）打开配套资料\Chapter-03\"闹钟.psd"文件。使用"移动"工具 拖动素材图像到正在编辑的文档中，调整图像位置，得到如图3-81所示效果。

图3-80　绘制选区

图3-81　添加素材图像

## 3.6 实例：时尚插画（编辑选区）

在创建选区后，用户还可以对选区执行羽化、移动、平滑、变换等一系列的编辑操作，从而使选区产生不同的效果。下面将通过制作时尚插画，向读者介绍在实际操作中如何对选区进行编辑，完成效果如图3-82所示。

### 1. 平滑选区

（1）选择"文件"｜"新建"命令，打开"新建"对话框，参照图3-83所示设置页面大小，单击"确定"按钮完成设置，创建一个新文档。

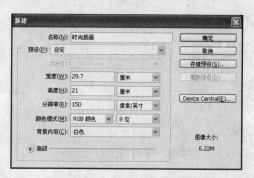

图3-82　完成效果　　　　　　　　　　　　　　图3-83　新建文档

（2）单击"图层"调板底部的"创建新图层"  按钮，新建"图层 1"，并为该图层填充任意色。

（3）单击"图层"调板底部的"添加图层样式" fx. 按钮，在弹出的快捷菜单中选择"渐变叠加"命令，打开"图层样式"对话框，参照图3-84所示，设置对话框参数，单击"确定"按钮完成设置，为图层添加渐变叠加效果，如图3-85所示。

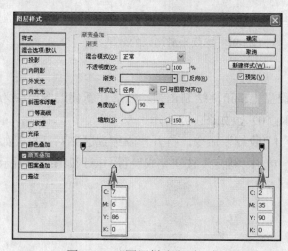

图3-84　"图层样式"对话框　　　　　　　　　图3-85　添加渐变填充效果

（4）参照图3-86所示，使用"矩形选框"工具 绘制矩形选区。

（5）选择"选择"｜"修改"｜"平滑"命令，打开"平滑"对话框，设置"取样半径"参数为30像素，如图3-87所示。单击"确定"按钮，关闭对话框，平滑选区，得到如图3-88所示效果。

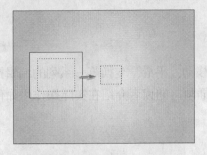

图3-86　绘制矩形选区

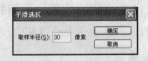

图3-87　"平滑选区"对话框

（6）新建"图层 2"，为选区填充橘红色（C：6、M：61、Y：95、K：0），如图3-89所示。

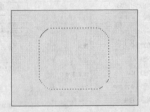

图3-88　平滑选区的效果

图3-89　为选区填充颜色

（7）使用相同的方法，继续平滑矩形选区，并为其填充颜色，"图层"调板如图3-90所示，平滑效果如图3-91所示。

图3-90　"图层"调板

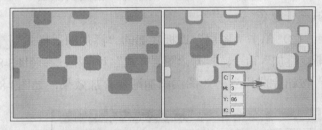

图3-91　继续平滑选区的效果

2．收缩选区

（1）选择"椭圆选框"工具 ○，配合键盘上Shift键绘制正圆。然后在新建的图层中为选区填充浅黄色（C：6、M：41、Y：80、K：0），如图3-92所示。

（2）保留选区，选择"选择"|"修改"|"收缩"命令，打开"收缩选区"对话框，如图3-93所示，设置"收缩量"参数为20像素，单击"确定"按钮完成设置，得到如图3-94所示的效果。

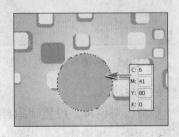

图3-92　绘制正圆填充颜色

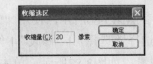

图3-93　"收缩选区"对话框

（3）新建图层，为选区填充浅粉色（C：2、M：12、Y：22、K：0），如图3-95所示。

图3-94 收缩选区

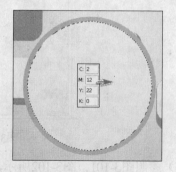

图3-95 为选区填充颜色

（4）使用相同的方法，继续收缩选区，并在新建的图层中为选区填充颜色，"图层"调板的状态如图3-96所示，收缩后的效果如图3-97所示。

图3-96 "图层"调板

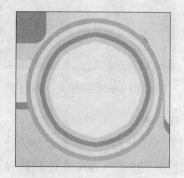

图3-97 收缩选区

### 3. 变换选区

（1）使用"椭圆选框"工具 ○在新建的图层中绘制浅黄色正圆（C：6、M：41、Y：80、K：0），如图3-98所示。

（2）保留选区，选择"选择"|"变换选区"命令，配合键盘上Ctrl+Shift键调整选区大小，按键盘上Enter键完成调整，如图3-99所示。

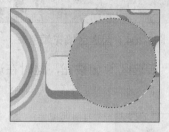

图3-98 绘制选区

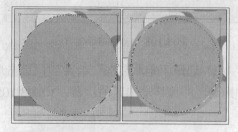

图3-99 变换选区

（3）新建图层，为选区填充浅粉色（C：2、M：12、Y：22、K：0），如图3-100所示。

（4）使用相同的方法，继续变换选区，并在新建的图层中为选区填充颜色。

图3-100　为选区填充颜色

（5）参照图3-101、图3-102所示，复制绘制的正圆图像，调整图像大小与位置，然后按快捷键Ctrl+G将绘制的所有正圆图像编组。

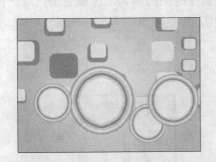

图3-101　调整图像大小与位置

图3-102　图层编组

### 4. 移动选区

（1）单击"路径"调板底部的"创建新路径" 按钮，新建"路径 1"。参照图3-103所示，使用"钢笔"工具 绘制路径。

（2）按快捷键Ctrl+Enter，将路径转换为选区。然后在新建的图层中为选区填充红色，如图3-104所示。

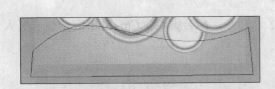

图3-103　绘制路径

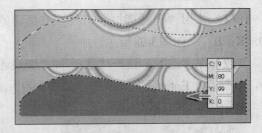

图3-104　为选区填充颜色

（3）选择"矩形选框"工具 ，单击选项栏中的"新选区" 按钮，这时在选区内单击并拖动，即可移动选区的位置，如图3-105所示。

图3-105　移动选区

（4）在新建的图层中为选区填充浅黄色（C：5、M：27、Y：86、K：0）。继续移动选区并为其填充颜色，得到如图3-106所示的效果。

（5）打开配套资料\Chapter-03\"剪纸人.psd"文件，如图3-107所示。

图3-106　为选区填充颜色

图3-107　素材图像

（6）使用"移动"工具 拖动素材图像到正在编辑的文档中，调整图像大小与位置，"图层"面板如图3-108所示，效果如图3-109所示。

图3-108　"图层"面板

图3-109　添加素材后的效果

## 5. 羽化选区

（1）按住键盘上Ctrl键单击"创建新图层" 按钮，在当前图层下方新建"图层 20"，如图3-110所示。

（2）参照图3-111所示，使用"椭圆选框"工具 在视图中绘制椭圆选区。

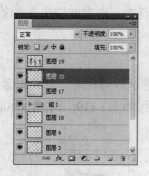

图3-110　新建图层

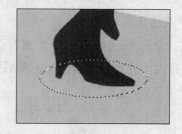

图3-111　绘制选区

（3）选择"选择"|"修改"|"羽化"命令，打开"羽化选区"对话框，设置"羽化半径"参数为5像素，如图3-112所示，单击"确定"按钮完成设置。然后为选区填充橘红色（C：6、M：61、Y：95、K：0），效果如图3-113所示。

图3-112　设置羽化半径参数　　　　　图3-113　为选区填充颜色

（4）使用相同的方法，继续羽化椭圆选区，并为其设置颜色，得到如图3-114所示的效果。

### 6. 边界选区

选择"选择"|"修改"|"边界"命令，打开"边界选区"对话框，在"宽度"参数栏中输入边界的像素值，可以将区域选区转换为线条选区，操作过程如图3-115～图3-117所示。

图3-114　为选区设置颜色

图3-115　原区域选区

图3-116　"边界选区"对话框

图3-117　"边界"选区效果

选择"边界"命令，为选区填充颜色后选区中会生成具有一定宽度的线条选区，该选区带有一定的羽化效果，如图3-118所示。

### 7. 扩展选区

选择"选择"|"修改"|"扩展"命令，打开"扩展选区"对话框，"扩展量"参数值越大选区越大。先打开素材图像，然后进行设置，操作过程如图3-119、图3-120和图3-121所示。

图3-118　为选区设置颜色后的效果

图3-119　素材图像

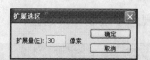

图3-120 "扩展选区"对话框　　　　图3-121 "扩展"选区效果

## 3.7 实例：汽车广告（应用选区）

在Photoshop CS4中，可以通过"扩大选取"和"选取相似"命令对创建的选区做进一步的设置；使用"调整边缘"命令可以对已经创建的选区进行半径、对比度、平滑、羽化等操作。下面将制作汽车广告，通过此案例，向大家讲解如何在实际操作中应用选区，如图3-122所示为最终完成效果。

图3-122 完成效果

**1. 选择相似的图像**

（1）打开配套资料\Chapter-03\"蓝色汽车.jpg"、"蓝倩背景.jpg"文件，如图3-123、图3-124所示。

图3-123 汽车素材

图3-124 蓝色背景

（2）参照图3-125所示，使用"魔棒"工具 单击视图中的白色区域，形成选区。

（3）选择"选择"|"选取相似"命令，将颜色相似的区域选取，如图3-126所示。

图3-125 选取图像

图3-126 将颜色相似的区域选取

技巧 在使用"选取相似"命令编辑选区时，选取范围的大小与"魔棒"工具 选项栏中的"容差"项的值有关，"容差"越大，选区的选取范围就会越广。

（4）使用"移动"工具 ►‖拖动选区内的图像到"蓝倩背景.jpg"文件中，调整图像位置，如图3-127所示。

**2. 调整选区边缘**

（1）参照图3-128所示，使用"矩形选框"工具 □ 在视图中绘制矩形选区。

图3-127　拖动图像到背景文件中

图3-128　绘制选区

（2）选择"选择" | "调整边缘"命令，打开"调整边缘"对话框，如图3-129所示，设置"半径"参数为125像素，可以改善包含柔化过渡或细节的区域中的边缘，如图3-130所示效果。

图3-129　"调整边缘"对话框

图3-130　增加半径数值后的效果

（3）同样在"调整边缘"对话框中，设置"对比度"参数为25%，使柔化边缘变得犀利，并去除选区边缘模糊的不自然感，如图3-131、图3-132所示。

（4）参照图3-133所示，设置"平滑"参数为100，可以去除选区边缘的锯齿状边缘，如图3-134所示效果。

（5）继续在"调整边缘"对话框中设置"羽化"参数为90像素，可以使用平均模糊柔化选区边缘，如图3-135、图3-136所示。

（6）参照图3-137所示，在"调整边缘"对话框中设置"收缩/扩展"参数为+15%，可以减小数值以收缩选区边缘或增大数值以扩展选区边缘，效果如图3-138所示。

（7）完成设置后，单击"确定"按钮，关闭对话框，得到如图3-139所示选区。

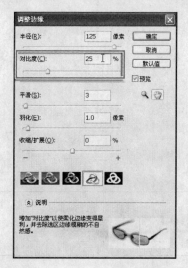

图3-131  设置"对比度"参数

图3-132  增加对比度数值的效果

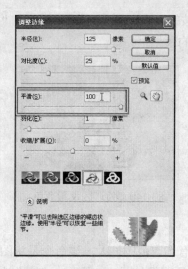

图3-133  设置"平滑"参数

图3-134  增加平滑数值的效果

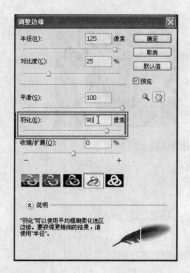

图3-135  设置"羽化"参数

图3-136  设置羽化参数的效果

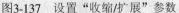

图3-137　设置"收缩/扩展"参数　　　　　　　图3-138　扩展图像的效果

（8）按住键盘上的Ctrl键单击"创建新图层"　　按钮，在"图层 1"下方新建"图层2"，为选区填充白色，取消选区，得到如图3-140所示的效果。

图3-139　选区效果　　　　　　　　　　图3-140　为选区设置颜色

### 3. 扩大选取

选择"选择"|"扩大选取"命令，可以将视图中原有选取范围扩大，该命令是将图像中与原有选区颜色接近，并且相连的区域扩大为新的选区，原图像如图3-14所示，"扩大选取"后的效果图3-142所示。

图3-141　素材图像　　　　　　　　　　图3-142　"扩大选取"效果

## 课后练习

### 1. 简答题

（1）什么是选区？

（2）创建选区的工具有哪些？

（3）创建选区的命令是什么？

（4）选区的运算有哪些？

（5）如何应用选区？

（6）对选区可以进行哪些变换？

## 2. 操作题

（1）对选区中的图像进行变形处理，效果如图3-143所示。

图3-143　图像变形

要求：

①在任意一幅图像上创建选区。

②使用"自由变换"命令对选区中的图像进行变形操作。

（2）制作相片边缘效果，如图3-144所示。

图3-144　制作相片边缘效果

要求：

①在任意一幅图像上创建比外围稍小一些的矩形选区。

②使用"调整边缘"命令对选区中的图像进行扩展边缘和羽化操作。

③创建选区后进行反选。

④为选区填充颜色，取消选区后，创建边缘效果。

# 第4课

# 设置与调整图像颜色

**本课知识结构**

    本课中讲解如何设置与调整图像颜色，主要体现了Photoshop CS4中"图像"菜单关于调整图像颜色命令的应用，以及工具箱中关于颜色设置的功能。色彩是设计中十分重要的元素，设计者应该对颜色方面的理论知识有所了解，才可以科学地运用颜色。

    本课将以理论与实际相结合的方式向读者展示与颜色设置相关的功能，希望读者通过本课的学习，掌握设置与调整图像颜色的方法与技巧。

**就业达标要求**

☆ 了解颜色的基本属性         ☆ 掌握自动调整图像色彩的方法

☆ 认知不同的颜色模式         ☆ 掌握手动调整图像色彩的方法

☆ 掌握设置图像颜色的方法       ☆ 掌握如何调整特殊效果

## 4.1  颜色的基本属性

    在学习本课内容之前，读者应该对颜色的基本属性有一个基本了解。色彩可以分为无彩色和有彩色两大类。无彩色包括黑、白、灰，而有彩色是指像红、黄、蓝等具备光谱上的某种或某些色相的色彩。无彩色有明暗变化，表现为白、黑，也称色调。有彩色表现得比较复杂，但可以用三组特征值来确定，即色相、亮度、饱和度，也被称为色彩的三属性。

    1. 色相

    色相是每种颜色固有的颜色相貌。这是一种颜色区别于另一种颜色最显著的特征。颜色的名称就是根据其色相来决定的。赤、橙、黄、绿、青、蓝、紫是颜色体系中最基本的色相，将这些颜色混合可以产生多种不同的颜色。改变图像的色相，即改变图像的颜色，对比效果如图4-1、图4-2所示。

图4-1  原图

图4-2  改变图像的色相

### 2. 亮度

亮度是指颜色的明暗程度，也称为明度。标准色相是指在正常强度光线下照射的色相，亮度高于标准色相的，称为该色相的高光，反之，称为该色相的阴影。在各种颜色中，白色是亮度最高的颜色，黑色是亮度最低的颜色。不同亮度的同一图片会给人以不同的感受，对比效果如图4-3、图4-4所示。

图4-3　原图

图4-4　增强图像的亮度

### 3. 饱和度

颜色的强度或纯度就是饱和度。饱和度表示色相中颜色本身的色素分量所占的比例，使用0%（灰色）至100%（完全饱和）的百分比来度量。饱和度越高，图像颜色越鲜艳，对比效果如图4-5、图4-6所示。

图4-5　原图

图4-6　增强图像的饱和度

## 4.2　颜色模式

颜色模式用来将颜色翻译成数字数据，进而使颜色能在多种媒体中得到一致的描述。任何一种颜色模式都是仅仅根据颜色模式的特点来表现某一个色域范围内的颜色，而不能将全部颜色表现出来，所以，不同的颜色模式所表现出来的颜色范围与颜色种类也是不同的。色域范围比较大的颜色模式，就可以用来表现丰富多彩的图像。

Photoshop中的颜色模式有8种，分别为位图模式、灰度模式、双色调模式、RGB模式、CMYK模式、索引颜色模式、Lab颜色模式和多通道模式。其中Lab颜色模式包括了RGB和CMYK色域中的所有颜色，具有最宽的色域。颜色模式不仅可以显示颜色的数量，还会影响图像的文件大小，因此，合理使用颜色模式就显得十分重要。

1. 位图模式

位图模式只使用黑色和白色两种颜色来表示图像的色彩，因而又称为黑白图像。位图模式图像要求的存储空间很少，但无法表现出色彩、色调丰富的图像，因此仅适用于一些黑白对比强烈的图像。其他模式转换为位图模式时会失去大量的细节，所以Photoshop向用户提供了几种算法来模拟图像中失去的细节。众多模式中，只有灰度模式的图像可以转换为位图模式，因而一般的彩色图像需要先转换为灰度模式再转换为位图模式，在转换成位图模式时会出现图4-7所示的"位图"对话框。

该对话框中各选项含义如下：

（1）分辨率：用来显示当前图像的分辨率以及设定转换成位图后的分辨率。

· 输入：指的是当前打开图像的分辨率。

· 输出：用来设置转换成位图模式后的分辨率大小。

（2）方法：用来设定转换成位图时使用的减色方法。

· 50%阈值：将大于50%的灰度像素全部转化为黑色，将小于50%的灰度像素全部转化为白色。

· 图案仿色：该方法可以使用图形来处理要转换成位图模式的图像。

· 扩散仿色：将大于50%的灰度像素转换为黑色，将小于50%的灰度像素转换为白色。由于转换过程中会产生误差，会导致图像出现颗粒状的纹理。

· 半调网屏：选择此项，单击"确定"按钮，会弹出如图4-8所示的"半调网屏"对话框。用户在其中可以设置频率、角度和形状参数。

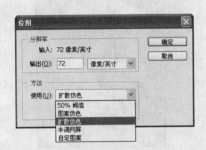

图4-7    "位图"对话框

图4-8    "半调网屏"对话框

· 自定图案：可以选择自定义图案作为处理位图时使用的减色方法。选择该项时，下方的"自定图案"选项会被激活，在其中选择相应的图案即可。

 在图像的宽、高和分辨率相同的情况下，位图模式的图像尺寸最小，约为灰度模式的1/7，RGB模式的1/22以下。

选择不同的转换方法后会产生不同的效果，如图4-9所示的图像为灰度模式的原图与转换后的各种效果的对比情况。

2. 灰度模式

灰度模式的图像由256级的灰度组成。图像的每一个像素都可以用0～255之间的亮度来表现，所以其色调表现力较强，在此模式下的图像质量比较细腻，人们生活中的黑白照片就是很好的例子。

图4-9 转换后的各种效果对比

当将一幅彩色图像转换为灰度模式时，会弹出"信息"对话框，单击"扔掉"按钮，图像中有关色彩的信息将被消除掉，只留下亮度，对比效果如图4-10、图4-11、图4-12所示。亮度是唯一能够影响灰度图像的因素，当灰度值为0（最小值）时，生成的颜色是黑色；当灰度值为255（最大值）时，生成的颜色是白色。

图4-10 原图

图4-11 "信息"对话框

图4-12 灰度模式效果

### 3. 双色调模式

该模式通过1种～4种自定油墨创建单色调、双色调、三色调和四色调的灰度图像。当彩色图像转换为双色调模式时，必须首先转换为灰色模式。在将图像转换成双色调模式时，会弹出图4-13所示的"双色调选项"对话框。

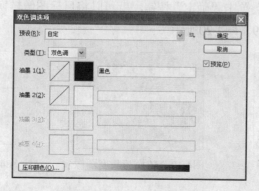

图4-13 "双色调选项"对话框

该对话框中各选项的含义如下：

- 类型：用来选择双色调的类型。
- 油墨：可根据选择的色调类型对其进行编辑。单击任意一种油墨的曲线图标，会打开如图4-14所示的"双色调曲线"对话框，通过拖动曲线可以改变油墨的百分比；单击"油墨1"后面的颜色图标会打开如图4-15所示的"选择油墨颜色："对话框；单击"油墨2"后面的颜色图标会打开如图4-16所示的"颜色库"对话框。

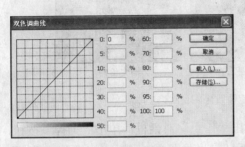

图4-14　"双色调曲线"对话框　　　　　图4-15　"选择油墨颜色"对话框

- 压印颜色：是指相互打印在对方之上的两种无网屏油墨。当对油墨的百分比进行调整并指定了全部油墨颜色后，单击"压印颜色"按钮，会弹出如图4-17所示的"压印颜色"对话框，在该对话框中可以设置压印颜色在屏幕上的外观。

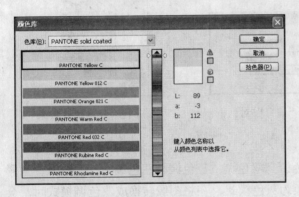

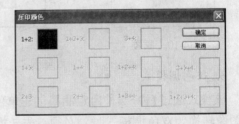

图4-16　"颜色库"对话框　　　　　　图4-17　"压印颜色"对话框

进行一系列的设置后，单击"确定"按钮，就可以将目标图像转换成为双色调模式图像，操作过程如图4-18、图4-19、图4-20所示。

图4-18　RGB模式原图　　　图4-19　转换为灰度图像　　　图4-20　双色调模式图像

在双色调模式的图像中，每种油墨都可以通过一条单独的曲线来指定颜色如何在阴影和高光内分布，它将原图像中的每个灰度值映射到一个特定的油墨的百分比上，通过拖动曲线或直接输入相应的油墨百分比数值，可以调整每种油墨的双色调曲线。

### 4. RGB模式

红、绿、蓝是光的三原色，绝大多数可视光谱可通过红色、绿色和蓝色（RGB）三色光的不同比例和强度混合来产生。在这三种颜色的重叠处可产生青色、洋红、黄色和白色。由于RGB颜色合成可以产生白色，所以RGB模式也称为加色模式。加色模式一般用于光照、视频和显示器。

RGB模式为彩色图像中的每个像素的分量指定一个介于0（黑色）～255（白色）之间的强度值。当三个分量的值相等时，结果是中性灰色。新建的Photoshop图像默认为RGB模式。

### 5. CMYK模式

CMYK模式以打印在纸上的油墨的光线吸收特性为基础。理论上，纯青色（C）、洋红（M）和黄色（Y）色素进行合成会吸收所有的颜色并生成黑色，因此该模式也称为减色模式。但由于油墨中含有一定的杂质，所以最终形成的不是纯黑色，而是土灰色，为了得到真正的黑色，必须在油墨中加入黑色（K）油墨。将这些油墨混合进而重现颜色的过程称为四色印刷。

将RGB图像转换为CMYK模式将产生分色。如果从RGB图像开始，则最好先在该模式下编辑，只要在处理结束时转换为CMYK模式即可。在RGB模式下，可以使用"校样设置"命令模拟CMYK转换后的效果，而不必真的更改图像数据。用户也可以使用CMYK模式直接处理从高端系统扫描或导入的CMYK图像。

CMYK模式的颜色范围随印刷和打印条件而变化，所以在Photoshop CS4中，CMYK颜色模式会根据用户在"颜色设置"对话框中指定的工作空间的设置而不同。

### 6. 索引颜色模式

索引颜色模式最多只能使用256种颜色，当转换为索引颜色模式时，Photoshop将构建一个颜色调查表（CLUT），如果原图像中的哪一种颜色没有出现在该表中，那么程序就将选取最接近的一种或者使用仿色，从而用现有的颜色来模拟缺失的颜色。

该模式可以将颜色数减少到更少以减小文件的大小，但同时还可以保证文件所需的基本品质。不过，在这种模式下进行的编辑有限，如果要进行下一步的编辑，应该临时转换为RGB模式。在将一幅RGB模式的图像转换成索引颜色模式时，会弹出如图4-21所示的"索引颜色"对话框。

该对话框中各选项含义如下：

图4-21　"索引颜色"对话框

- 调板：用来选择转换为索引颜色时用到的设置区域种类。
- 颜色：用来设置索引颜色的数量。
- 强制：在相应的下拉列表中可以选择一种颜色，并将其强制放置到颜色表中。
- 杂边：用来设置与图像透明区域相邻的消除锯齿边缘的背景色。
- 仿色：用来设置仿色的类型，在其下拉列表中包括无、扩散、图案以及仿色。

- 数量：用来设置扩散的数量。
- 保留实际颜色：勾选此复选框后，转换成索引模式后的图像将保留其实际颜色。

 灰度模式与双色调模式可以直接转换成索引模式；索引模式图像只可当成特殊效果或用做专用，不能用于常规的印刷中；索引模式图像只能通过间接方式创建，而不能直接获得。

### 7. Lab颜色模式

Lab颜色由亮度分量和两个色度分量组成。L代表光亮度分量，范围为0~100。a分量表示从绿色到红色的光谱变化，b分量表示从蓝色到黄色的光谱变化。该模式是目前包括颜色数量最广的模式，其最大的优点是颜色与设备无关，无论使用什么设备创建或输出图像，该颜色模式产生的颜色都可以保持一致。

 在Adobe拾色器和"颜色"调板中，a分量和b分量的范围是 −127~128。

### 8. 多通道模式

多通道模式图像在每个通道中包含256个灰阶，对于特殊打印很有用。当图像转换为多通道模式时，可以使用下列原则。

- 原始图像中的颜色通道在转换后的图像中变为专色通道。
- 通过将CMYK图像转换为多通道模式，可以创建青色、洋红、黄色和黑色专色通道。
- 通过将RGB图像转换为多通道模式，可以创建青色、洋红和黄色专色通道。
- 通过从RGB、CMYK或Lab图像中删除一个通道，可以自动将图像转换为多通道模式。
- 若要输出多通道图像，要以Photoshop DCS2.0格式存储图像。

## 4.3 实例：配色书封面（设置颜色）

设计者使用Photoshop进行工作时，颜色是必不可少的，设置颜色也是非常重要的一个环节，颜色运用是否合理，会直接影响到设计作品的质量。在Photoshop CS4中，用户可以进行前景色和背景色的设置，可以通过"拾色器"对话框、"颜色"与"色板"调板以及"吸管工具"等设置图像颜色。

图4-22 完成效果

下面将通过制作如图4-22所示的图像，向大家讲解关于设置图像颜色的相关知识。

### 1. 前景色与背景色的设置

在Photoshop中，默认的前景色为黑色，背景色为白色。使用前景色可以绘画、填充和描边选区；使用背景色可以生成渐变填充，以及在背景图像中填充和清除区域。在一些滤镜中需要用前景色和背景色配合来产生特殊效果，比如便条纸、云彩命令等。设置前景色后，使用"画笔"工具 ✐ 在页面中涂抹，就会直接将前景色绘制到当前图像中，如图4-23所示。如图4-24所示为将背景色设置为黄色时在图像中清除选区后的效果。

图4-23　画布绘制　　　　　图4-24　清除选区中的像素

 单击工具箱中的■按钮，或按下键盘上的D键，可以恢复默认前景色和背景色；单击◥按钮或按下键盘上的X键，可在前景色和背景色之间任意切换。

在工具箱中单击"前景色"或"背景色"按钮时，会弹出"拾色器"对话框，在其中可以选取相应的颜色，或在颜色参数设置区域设置相应的颜色参数，例如在RGB、CMYK等数值框处输入颜色信息数值，设置完毕后单击"确定"按钮，即可完成对前景色或背景色的设置。

2. 拾色器

（1）选择"文件"|"新建"命令，打开"新建"对话框，参照图4-25所示在对话框中进行参数设置，然后单击"确定"按钮，创建新文件。

（2）单击"图层"调板底部的"创建新图层" ◰按钮，新建"图层 1"，在工具箱中选择"矩形选框"工具 ▢，在选项栏中单击"添加到选区" ◳按钮，然后参照图4-26所示绘制选区。

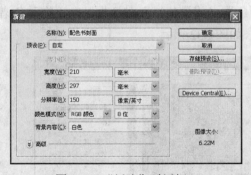 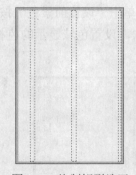

图4-25　"新建"对话框　　　　　图4-26　绘制矩形选区

（3）单击工具箱中的"设置前景色"按钮，弹出如图4-27所示的"拾色器（前景色）"对话框。

（4）参照图4-28所示，在该对话框中的RGB颜色模式设置区域处设置颜色值，单击"确定"按钮，完成对"前景色"的设置。

图4-27　"拾色器（前景色）"对话框

图4-28　设置前景色

提示　在"拾色器"对话框中的一种颜色模式下设置颜色后，其余的颜色值均随之发生变化，最终使得几种颜色模式所表现的是同一种颜色。

（5）按下键盘上的Alt+Delete快捷键为选区填充前景色，然后按下Ctrl+D快捷键取消选择，效果如图4-29，"图层"调板的情况如图4-30所示。

图4-29　填充前景色

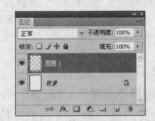

图4-30　"图层"调板

（6）新建"图层2"，使用"矩形选框"工具▣继续在视图中绘制选区，如图4-31所示。

（7）单击"设置前景色"按钮，打开"拾色器（前景色）"对话框，向下拖动色谱中的颜色滑块，设置色域显示的色相到橙色区域，如图4-32所示。

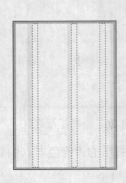

图4-31　继续绘制选区

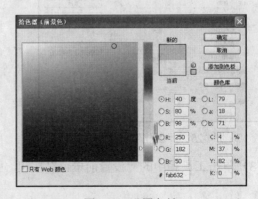

图4-32　设置色域

（8）在色域中移动鼠标，在需要的颜色上单击，将颜色选取，如图4-33所示，单击"确定"按钮，完成前景色的设置。

（9）按下键盘上的**Alt+Delete**快捷键为选区填充前景色，然后按下**Ctrl+D**快捷键取消选择，效果如图4-34所示。

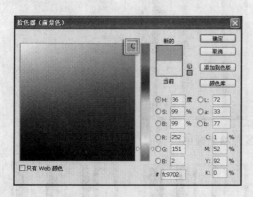

图4-33　选取颜色

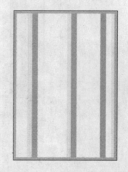

图4-34　为选区填充颜色

在"拾色器"对话框中，单击"添加到色板"按钮，可弹出如图4-35所示的"色板名称"对话框，单击"确定"按钮，可以将当前设置的颜色存储到"色板"调板中，以便下一次使用；单击"颜色库"按钮，可以转换到"颜色库"对话框，用户可在其中选择颜色。

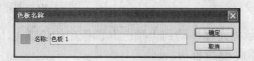

图4-35　"色板名称"对话框

**3．"颜色"调板与"色板"调板的应用**

（1）选择"窗口"|"颜色"命令，打开"颜色"调板，如图4-36所示。

（2）参照图4-37所示在"颜色"调板中输入颜色值，设置前景色。

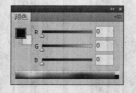

图4-36　"颜色"调板

图4-37　设置颜色值

在"颜色"调板中，设有与工具箱中功能相同的"设置前景色"按钮和"设置背景色"按钮。单击"设置前景色"按钮，会打开"拾色器"对话框，在其中可以设置前景色。

（3）新建"图层3"，使用"矩形选框"工具在视图中绘制选区，按下**Alt+Delete**快捷键为选区填充前景色，然后取消选区，如图4-38所示。

（4）参照图4-39所示拖动"颜色"调板中的滑块，设置新的前景色。

（5）新建"图层4"，使用"矩形选框"工具在视图中绘制选区，为选区填充前景色，然后取消选区，如图4-40所示。

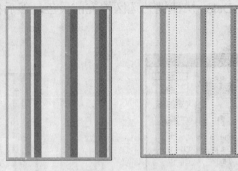

图4-38　绘制选区并填充颜色

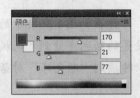

图4-39　拖动滑块以设置颜色

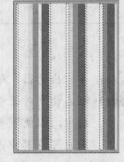

图4-40　创建深红色条纹图像

（6）参照图4-41所示将光标移动到"颜色"调板中的色谱上，此时光标变为吸管形状，在桃红色域中单击鼠标，吸取前景色。

（7）新建"图层5"，使用"矩形选框"工具在视图中绘制选区，为选区填充前景色，然后取消选区，如图4-42所示。

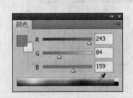

图4-41　吸取前景色

图4-42　创建桃红色条纹图像

 单击"颜色"调板右上角的按钮，会弹出如图4-43所示的菜单，在其中选择"CMYK滑块"命令，切换到CMYK颜色编辑模式，同样可以在调板中设置颜色值，如图4-44所示。选择不同颜色模式滑块后，"颜色"调板会变成该模式对应的样式。

选择不同的色谱，在"颜色"调板中也会有相应的显示，如图4-45、图4-46、图4-47所示。

（8）新建"图层6"，使用"矩形选框"工具在视图中绘制选区，为选区填充前景色，然后取消选区，如图4-48所示。

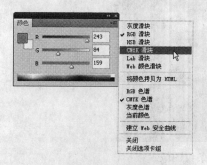

图4-43  "颜色"调板菜单

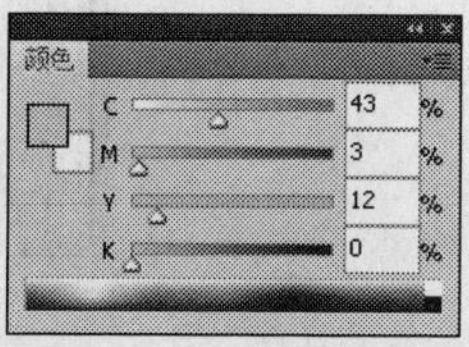

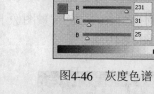

图4-44  CMYK颜色编辑模式

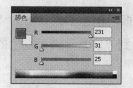

图4-45  RGB色谱

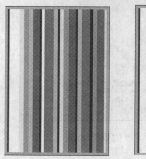

图4-46  灰度色谱

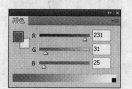

图4-47  当前颜色

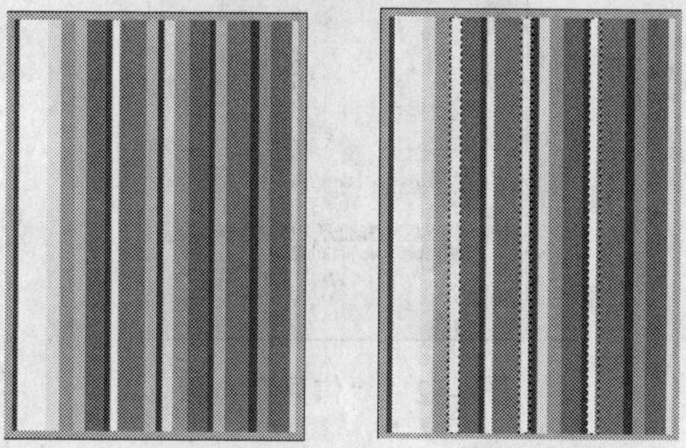

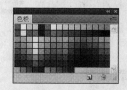

图4-48  创建浅蓝色条纹图像

（9）选择"窗口"|"色板"命令，打开"色板"调板，如图4-49所示。

（10）参照图4-50所示将光标移动到"色板"调板中，光标将转变为吸管形状，单击"纯青豆绿"颜色，将它设置为前景色。

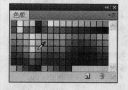

图4-49  "色板"调板

图4-50  设置前景色

（11）新建"图层 7"，使用"矩形选框"工具在视图中绘制选区，为选区填充前景色，然后取消选区，如图4-51所示。

单击"色板"调板底部的"创建前景色的新色板"按钮，可以将设置的前景色保存到该调板中；在"色板"调板中选择颜色后将其拖动到"删除色板"按钮上，可以将其删除。

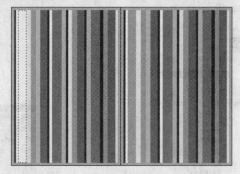

图4-51　创建绿色条纹图像

**4. 吸管工具与"信息"调板的应用**

（1）选择"窗口"|"信息"命令，打开"信息"调板，单击工具箱中的"吸管"工具 ，将其移动到视图中的白色背景图像上，此时，可观察到"信息"调板发生的变化，如图4-52、图4-53、图4-54所示。

图4-52　"信息"调板

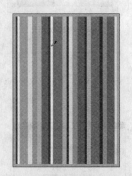

图4-53　移动光标

 选择不同的工具进行操作，在"信息"调板中会显示不同的信息；单击调板右上角的 按钮，可弹出如图4-55所示的菜单。

图4-54　"信息"调板上显示的相应信息

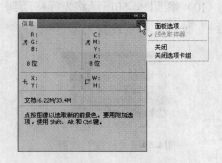

图4-55　"信息"调板菜单

（2）使用"吸管"工具 在白色背景图像上单击，吸取白色，设置它为前景色。

（3）新建"图层8"，使用"矩形选框"工具 在视图中绘制选区，为选区填充前景色，然后取消选区，如图4-56所示。

（4）单击工具箱中的"横排文字"工具 T，在视图中添加主体文字，完成本实例的制作，效果如图4-57所示。

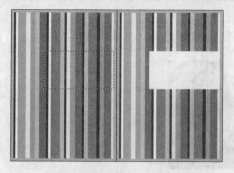

图4-56 创建白色矩形图像          图4-57 添加文字信息

## 4.4 实例：调整偏色的图像（自动调整色彩）

Photoshop CS4中的自动调节命令是一组实用性很强的快速校正命令。这组命令中包括"自动色调"命令、"自动对比度"命令与"自动颜色"命令，打开图像后执行相应的命令，就可以完成相应的调整操作。

下面将通过调整出如图4-58所示的绿色叶子图像效果，向大家讲解关于自动调整色彩的相关知识。

**1. 自动校正缺乏对比的图像**

（1）选择"文件"|"打开"命令，打开本书配套资料\Chapter-04\"灰色的叶子.jpg"文件，如图4-59所示。

图4-58 完成效果          图4-59 素材图像

（2）选择"图像"|"自动对比度"命令，自动对图像的对比度进行调整，效果如图4-60所示。

**2. 自动校正图像的颜色**

选择"图像"|"自动颜色"命令，可自动对图像的颜色进行调整，效果如图4-61所示。

图4-60 自动调整图像对比度          图4-61 自动调整图像颜色

提示

"自动颜色"调整命令只能应用于RGB颜色模式，如果打开其他颜色模式的图像，该命令就会显示为灰色，不能使用。

### 3. 自动校正图像的色调

选择"图像"|"自动色调"命令，可自动调整图像的色调，效果如图4-62所示。

图4-62　自动调整图像色调

## 4.5　实例：音乐会海报（手动精细调整色彩）

在Photoshop中除了简单地调整图像色调命令外，还可以根据不同情况设置相应的命令，对图像的色彩进行手动精细调整。本节中展现的相关命令有"亮度/对比度"、"色阶"、"色相/饱和度"、"曲线"、"色彩平衡"、"黑白"以及"可选颜色"。

下面将通过制作图4-63所示的音乐会海报，向读者讲解关于手动精细调整色彩的相关知识。

### 1. 亮度/对比度调整

使用"亮度/对比度"命令可以对图像的整个色调进行调整，从而改变图像的亮度/对比度，因为该命令会对图像的每个像素都进行调整，所以会导致图像细节的丢失。

（1）选择"文件"|"打开"命令，打开本书配套资料\Chapter-04\"弹吉他的人.psd"素材文件，如图4-64所示。然后在"图层"调板中选择"背景"图层，如图4-65所示。

图4-63　完成效果

图4-64　素材文件

（2）按下Ctrl键的同时单击"图层10"的图层缩览图，载入其选区，如图4-66、图4-67所示。

图4-65　"图层"调板

图4-66　单击"图层10"的缩览图

（3）选择"图像"|"调整"|"亮度/对比度"命令，打开"亮度/对比度"对话框，如图4-68所示。

图4-67 载入选区

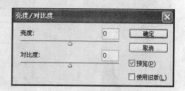

图4-68 "亮度/对比度"对话框

（4）参照图4-69所示在该对话框中进行设置，单击"确定"按钮，调整选区中图像的颜色，然后取消选区，效果如图4-70所示。

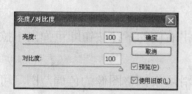

图4-69 "亮度/对比度"对话框

图4-70 调整图像颜色

"亮度/对比度"对话框中的各选项含义如下：

· 亮度：用来控制图像的明暗度，负值会将图像调暗，正值可以加亮图像，取值范围是$-100 \sim 100$。

· 对比度：用来控制图像的对比度，负值会降低图像对比度，正值可以加大图像对比度，取值范围是$-100 \sim 100$。

· 使用旧版：是指使用老版本的"亮度/对比度"命令调整图像。

## 2. 色阶调整

使用"色阶"命令可以校正图像的色调范围和颜色平衡，"色阶"直方图可以用做调整图像基本色调的直观参考。

（1）按下Ctrl键的同时单击"图层2"的图层缩览图，载入其选区，如图4-71、图4-72所示。

图4-71 单击"图层2"的图层缩览图

图4-72 载入选区

（2）选择"图像"|"调整"|"色阶"命令，打开"色阶"对话框，参照图4-73所示在该对话框中进行设置，然后单击"确定"按钮，调整选区中图像的颜色，取消选区，效果如图4-74所示。

图4-73　"色阶"对话框　　　　　　　　　　图4-74　调整图像颜色

"色阶"对话框中的各选项含义如下。

- 预设：用来选择已经调整完毕的色阶效果，单击右侧的下拉按钮即可弹出下拉列表。
- 通道：用来选择设定调整色阶的通道。
- 输入色阶：在对应的参数栏中输入数值或拖动滑块来调整图像的色调范围，可以提高或降低图像对比度。
- 输出色阶：在对应的参数栏中输入数值或拖动滑块可调整图像的亮度范围，在左侧的参数栏中输入数值，可以使图像中较暗的部分变亮，在右侧的参数栏中输入数值可以使图像中较亮的部分变暗。
- "预设选项" 按钮：单击该按钮，可以弹出下拉菜单，其中包含"存储预设"、"载入预设"、"删除当前预设"选项。
- "自动"按钮：单击该按钮可以将"输出色阶"自动调整到最暗和最亮。
- "选项"按钮：单击该按钮，可以打开图4-75所示的"自动颜色校正选项"对话框，在其中可以设置"阴影"和"高光"所占的比例等。
- 设置黑场：用来设置图像中阴影的范围。单击"在图像中取样以设置黑场" 按钮后，在图像中选取相应的点单击，单击后图像中比选取点更暗的像素颜色将会变得更深（黑色选取点除外），如图4-76所示；使用光标在图像中的黑色区域单击后会恢复图像。

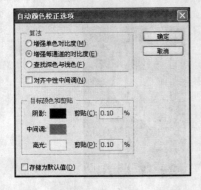

图4-75　"自动颜色校正选项"对话框　　　　　　图4-76　设置黑场

- 设置灰场：用来设置图像中中间调的范围。单击"在图像中取样以设置灰场"  按钮后，在图像中相应的位置单击即可，如图4-77所示；使用光标在黑色区域或白色区域单击后会恢复图像。
- 设置白场：用来设置图像中高光的范围。单击"在图像中取样以设置白场" ∥ 按钮后，在图像中选取相应的点单击，单击后图像中比选取点更亮的像素颜色将会变得更浅（白色选取点除外），如图4-78所示；使用光标在白色区域单击后会恢复图像。

图4-77　设置灰场

图4-78　设置白场

> **技巧**　在设置黑场、灰场或白场的按钮上双击，会弹出对应的"拾色器"对话框，在对话框中可以选择不同颜色作为最亮或最暗的色调。

### 3. 色相/饱和度调整

使用"色相/饱和度"命令可以调整整个图像或图像中单个颜色的色相、饱和度和亮度。

（1）选择"图像"|"调整"|"色相/饱和度"命令，打开"色相/饱和度"对话框，如图4-79所示。

（2）参照图4-80所示在该对话框中进行设置，然后单击"确定"按钮，调整"背景"图层中图像的整体颜色，效果如图4-81所示。

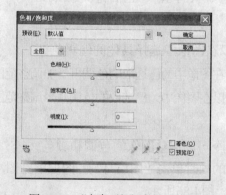

图4-79　"色相/饱和度"对话框

图4-80　"色相/饱和度"对话框

"色相/饱和度"对话框中的各选项含义如下。

- 预设：系统保存的调整数据。
- "编辑"列表框：用来设置调整的颜色范围，在其下拉列表中，列出了各种颜色范围，如图4-82所示。

图4-81　调整图像颜色

图4-82　下拉列表

- 着色：勾选该复选框后，只可以为全图调整色调，并将彩色图像自动转换成单一色调的图像。
- 按图像选取点调整图像饱和度：单击 按钮，使用鼠标在图像的相应位置拖动时，会自动调整被选取区域颜色的饱和度，如图4-83所示。

在"色相/饱和度"对话框的"编辑"下拉列表中选择一种颜色后，"色相/饱和度"对话框的其他功能会被激活，如图4-84所示。

图4-83　按图像选取点调整图像饱和度

图4-84　"色相/饱和度"对话框

对话框中各选项含义如下。

- "吸管工具" 按钮：单击该按钮后，可以在图像中选择具体的编辑色调。
- "添加到取样" 按钮：单击该按钮后，可以在图像中为已选取的色调再增加调整范围。
- "从取样中减去" 按钮：单击该按钮后，可以在图像中为已选取的色调减少调整范围。

图4-85　"图层"调板

### 4. 曲线调整

使用"曲线"命令可以调整图像的色调和颜色。

（1）按下Ctrl键的同时单击"图层4"的图层缩览图，载入其选区，如图4-85、图4-86所示。

（2）选择"图像"|"调整"|"曲线"命令，打开"曲线"对话框，如图4-87所示，

（3）参照图4-88所示在该对话框中进行参数设置，单击"确定"按钮，为选区中的图像调整颜色，效果如图4-89所示。

图4-86 载入选区

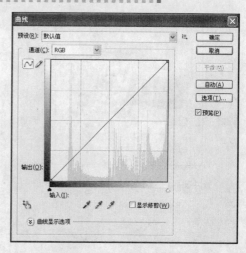

图4-87 "曲线"对话框

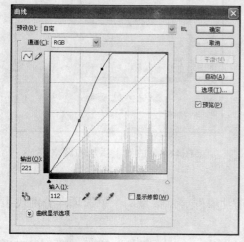

图4-88 设置参数

图4-89 调整图像颜色

"曲线"对话框中各选项含义如下。

- 编辑点以修改曲线：默认情况下， 按钮为被选择状态，此时，可以通过在曲线上添加控制点来调整曲线，拖动控制点可以改变曲线形状。
- 通过绘制来修改曲线：单击 按钮，可以随意在直方图内绘制曲线，此时，"平滑"按钮被激活，以用来控制绘制曲线的平滑度。
- 高光控制点：拖动曲线右上角的高光控制点可以改变高光。
- 阴影控制点：拖动曲线左下角的阴影控制点可以改变阴影。
- 显示修剪：勾选该复选框后，可以在预览时显示图像中发生修剪的位置，对比效果如图4-90、图4-91所示。
- 增加曲线调整点：单击 按钮后，在图像上单击，会自动按照单击的像素点的明暗，在曲线上创建调整控制点，按下鼠标在图像上拖动即可调整曲线，如图4-92、图4-93所示。

单击"曲线"对话框中的"曲线显示选项" 按钮，可显示出更多的关于曲线调整的选项，如图4-94所示。

图4-90　不勾选时调整图像色调

图4-91　显示修剪的位置

图4-92　拖动以调整明暗

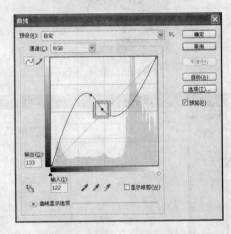

图4-93　曲线上添加的调整点

增加的各选项含义如下。

- 显示数量：包括"光"的显示数量和"颜料/油墨"显示数量两个单选项，分别代表加色与减色两种颜色模式状态。

- 显示：包括显示不同通道的曲线、浅灰色的对角基准线、显示色阶直方图和显示拖动曲线时水平和竖直方向的参考线。

- 显示网格大小：田按钮被选择的状态下，将以四分之一色调增量显示简单网格；囲按钮被选择的状态下，将以10%的增量显示详细网格，如图4-95所示。

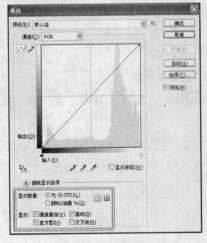

图4-94　更多选项

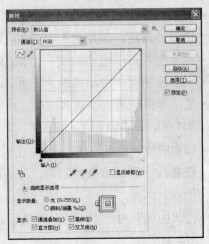

图4-95　显示为详细网格的"曲线"对话框

**5. 色彩平衡调整**

使用"色彩平衡"命令可以单独对图像的阴影、中间调和高光进行调整，从而改变图像的整体颜色。

（1）按住Ctrl键的同时单击"图层 5"的图层缩览图，如图4-96所示。载入其选区，如图4-97所示。

图4-96　"图层"调板　　　　　　　　　　图4-97　载入选区

（2）选择"图像"|"调整"|"色彩平衡"命令，打开"色彩平衡"对话框，如图4-98所示。

（3）参照图4-99所示在"色彩平衡"对话框中设置"色阶"参数，取消"保持明度"复选框的勾选。

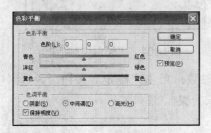

图4-98　"色彩平衡"对话框　　　　　　　　　图4-99　设置参数

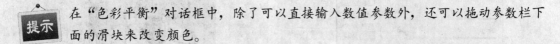
**提示**　在"色彩平衡"对话框中，除了可以直接输入数值参数外，还可以拖动参数栏下面的滑块来改变颜色。

（4）单击"阴影"单选按钮，参照图4-100所示在对话框中设置参数，然后单击"高光"单选按钮，参照图4-101所示继续设置参数。

（5）单击"确定"按钮，然后按下Ctrl+D快捷键取消选区，效果如图4-102所示效果。

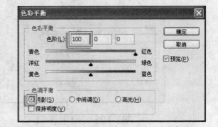

图4-100　在阴影色调下设置参数

**6. 黑白**

使用"黑白"命令可以将图像调整为具有艺术感的黑白效果，也可以调整为不同单色的艺术效果。

（1）选择"图层 12"，然后选择"图像"|"调整"|"黑白"命令，打开"黑白"对话框，如图4-103、图4-104所示。

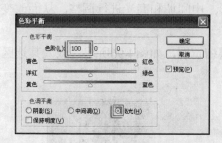

图4-101　在高光色调下设置参数

图4-102　图像颜色调整效果

图4-103　选择"图层12"

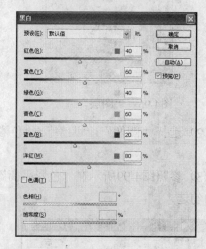

图4-104　"黑白"对话框

（2）参照图4-105所示在"黑白"对话框中设置参数，单击"确定"按钮，为选区中的人物图像调整颜色，取消选区后，得到如图4-106所示效果。

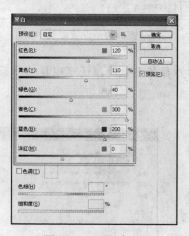

图4-105　设置参数

图4-106　图像效果

"黑白"对话框中的各选项含义如下：

· 颜色调整区域：其中包括对红色、黄色、绿色、青色、蓝色和洋红的调整，可以在文本框中输入数值，也可以直接拖动控制滑块来调整颜色。

· 色调：勾选该复选框，可以激活"色相"和"饱和度"选项来制作其他单色效果。

在"黑白"对话框中单击"自动"按钮，系统会通过计算自动对照片进行最佳状态的调整，对于初学者来讲，单击该按钮就可以完成效果的调整，使用起来十分方便。

### 7. 可选颜色

使用"可选颜色"命令，可以调整任何主要颜色中的印刷色数量而不影响其他颜色。

（1）选择"图层 8"，如图4-107所示。然后选择"图像"|"调整"|"可选颜色"命令，打开"可选颜色"对话框，如图4-108所示。

图4-107 选择"图层 8"

图4-108 "可选颜色"对话框

（2）在"颜色"下拉列表中选择"青色"选项，如图4-109所示，然后参照图4-110所示在该对话框中设置参数。

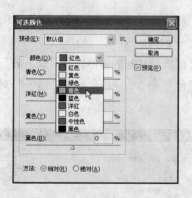

图4-109 选择主色调

图4-110 调整各个颜色的百分比

（3）参照图4-111、图4-112所示，继续在"可选颜色"对话框中对"蓝色"和"中性色"两个主色调进行参数调整。

"可选颜色"对话框中的选项含义如下：

- 相对：选择该单选按钮，可以按照总量的百分比更改现有的青色、洋红、黄色或黑色的含量。
- 绝对：选择该单选按钮，可对青色、洋红、黄色和黑色的量采用绝对值调整。

（4）单击"确定"按钮，即可使对应图层中的图像颜色发生变化，效果如图4-113所示。

图4-111　调整"蓝色"主色调　　　图4-112　调整"中性色"主色调　　　图4-113　颜色调整效果

# 4.6　实例：国画效果（手动精细调整色彩）

图4-114　完成效果

在本节中，编者将继续向读者介绍Photoshop CS4中关于手动精细调整色彩的相关命令，包括"匹配颜色"、"替换颜色"、"去色"、"阴影/高光"、"变化"以及"通道混合器"。

下面将通过制作图4-114所示的国画效果，向读者详细讲解以上命令在实际操作中是如何实现图像颜色调整的。

## 1．匹配颜色

使用"匹配颜色"命令可以匹配不同图像、多个图层或多个选区之间的颜色，使其保持一致。当一幅图像中的某些颜色与另一幅图像的颜色一致时，效果十分明显。

（1）选择"文件"|"打开"命令，打开本书配套资料\Chapter-04\"国画.psd"素材文件，如图4-115所示。选择"图像"|"调整"|"匹配颜色"命令，打开"匹配颜色"对话框，如图4-116所示。

图4-115　素材文件

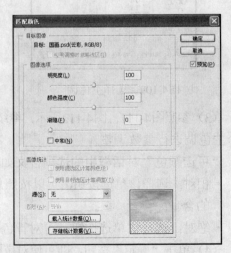

图4-116　"匹配颜色"对话框

　　（2）参照图4-117所示在该对话框中进行设置，然后单击"确定"按钮，调整云彩图像与扇子图像，使其颜色相匹配，效果如图4-118所示。

图4-117　设置参数

图4-118　使云彩与扇子的颜色匹配

"匹配颜色"对话框中各选项的含义如下：

- 应用调整时忽略选区：选择该复选框后，Photoshop会将调整应用到整个目标图层，而忽略图层中的选区。
- 明亮度：控制当前目标图像的明暗程度，当数值为100时，目标图像将会与源图像的亮度保持一致，当数值变小时，图像会随之变暗，反之则变亮。
- 颜色强度：调整图像的饱和度，数值越大，饱和度越强。
- 渐隐：控制应用到图像中的调整量，数值越大，调整的强度越弱。
- 中和：勾选该复选框，可以自动消除目标图像中色彩的偏差。
- 使用源区计算颜色：勾选该复选框，在匹配颜色时仅对源文件选区中的图像有效，选区以外的颜色不计算入内。
- 使用目标选区计算调整：选择该复选框，可以使用目标图层中选区的颜色计算调整度。
- 源：在其下拉菜单中可以选择用来与目标相匹配的源图像。
- 图层：用来选择匹配图像的图层。
- 载入统计数据：单击该按钮，可以打开"载入"对话框，找到已存在的调整文件。此时，无需在Photoshop中打开源图像文件，就可以对目标文件进行匹配。
- 存储统计数据：单击该按钮，可以将设置完成的当前文件进行保存。

2. 替换颜色

　　使用"替换颜色"命令可以将图像中的某种颜色提出并替换成另外的颜色，其原理是在图像中基于一种特定的颜色创建一个临时蒙版，然后替换图像中的特定颜色。

　　（1）在"图层"调板中选择"梅花"图层，然后选择"图像"|"调整"|"替换颜色"命令，打开"替换颜色"对话框，如图4-119、图4-120所示。

　　（2）将鼠标移动到视图中，当光标变为吸管形状后，在梅花图像上单击，如图4-121所示。

　　（3）参照图4-122所示在"替换颜色"对话框中设置容差和颜色替换值。

图4-119　选择"梅花"图层

图4-120　"替换颜色"对话框

图4-121　取样颜色

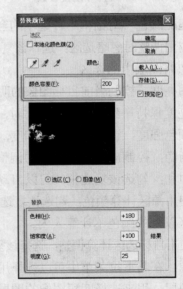

图4-122　设置参数

"替换颜色"对话框中各选项的含义如下：

- 本地化颜色簇：勾选该复选框后，设置的替换范围会被集中在选取点的周围。
- 颜色容差：用来设置被替换颜色的选取范围。数值越大，颜色的选取范围就越广；反之，则越少。
- 选区：选择该单选按钮，将在预览区域中显示蒙版。没有被蒙版遮盖的区域显示为白色，也就是选取的范围；蒙版区域显示黑色，也就是没有被选取的范围；部分被蒙住的区域会根据不透明度而显示不同程度的灰色。
- 图像：选择该单选按钮，将在预览区域中显示图像，如图4-123所示。

（4）单击"确定"按钮，将梅花图像替换为红色，如图4-124所示效果。

图4-123　显示图像

图4-124　替换颜色

### 3. 去色

使用"去色"命令可以除去图像中的饱和度信息，将彩色图像转换为相同颜色模式下的灰度图像。

在"图层"调板中选择"牡丹"图层，然后选择"图像"|"调整"|"去色"命令，去除图像颜色，如图4-125、图4-126所示。

图4-125　选择"牡丹"图层

图4-126　去除图像颜色

### 4. 阴影/高光

"阴影/高光"命令主要用来修整在强背光条件下拍摄的照片。

（1）在"图层"调板中选中"香炉"图层，如图4-127所示。然后选择"图像"|"调整"|"阴影/高光"命令，打开"阴影/高光"对话框，如图4-128所示。

图4-127　选择"香炉"图层

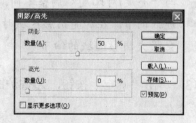

图4-128　"阴影/高光"对话框

（2）在"阴影/高光"对话框中勾选"显示更多选项"复选框，将对话框显示为包含更多选项的界面，如图4-129所示，然后参照图4-130所示在该对话框中设置参数。

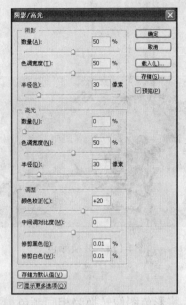　　　　　　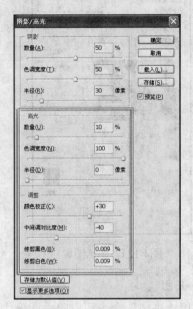

图4-129　展开"阴影/高光"对话框　　　　　　图4-130　设置参数

"阴影/高光"对话框中各选项的含义如下：

- 阴影：用来设置暗部在图像中所占的数量。
- 高光：用来设置亮部在图像中所占的数量。
- 数量：分别调整阴影和高光的数量，可以调整光线的校正量。阴影数量越大，则阴影越亮而高光越暗，高光数量越大，则高光越亮而阴影越暗。
- 色调宽度：控制所要修改的阴影或高光的色调范围。
- 半径：调整应用阴影和高光效果的范围。设置该尺寸后，可决定某一像素是属于阴影还是属于高光。
- 颜色校正：可以微调彩色图像中已被改变的区域的颜色。
- 中间调对比度：用来调整图像中中间调的对比度。
- 修剪黑色/白色：用来设置在图像中会将多少阴影或高光剪切为新的极端阴影（色阶为0）和极端高光"色阶为255）颜色。数值越大，生成图像的对比度越强，但会丢失图像细节。

 与"亮度/对比度"调整不同，"阴影/高光"可以分别对图像的阴影和高光区域进行调节，在加亮阴影区域时不会损失高光区域的细节，在调暗高光区域时也不会损失阴影区域的细节。

（3）单击"确定"按钮，为香炉图像调整颜色，效果如图4-131所示。

5. 变化

使用"变化"命令可以非常直观地调整图像或选区的色彩平衡、对比度和饱和度，它通常用来调整色调较为平均，并且不需要进行复杂和精确调整的图像。

（1）在"图层"调板中选择"文房四宝"图层，如图4-132所示。然后选择"图像"|"调整"|"变化"命令，打开"变化"对话框，如图4-133所示。

图4-131 调整香炉的颜色

图4-132 "文房四宝"图层

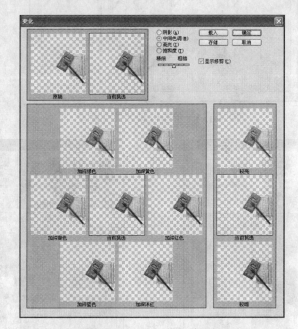

图4-133 "变化"对话框

（2）在该对话框中单击"加深黄色"缩览图四次，单击"加深红色"缩览图两次，单击"加深蓝色"缩览图三次，单击"较暗"缩览图三次，以调整图像颜色，如图4-134所示。

"变化"对话框中各选项的含义如下：

• 阴影：选择该单选按钮，可对图像中较暗的区域进行调整。

• 中间色调：选择该单选按钮，可调整图像中中间色调的区域。

• 高光：选择该单选按钮，可对图像中较亮的区域进行调整。

• 饱和度：选择该单选按钮，可以调整图像中颜色的饱和度。选择该项后，左下方的缩略图会变成只用于调整饱和度的缩略图，如图4-135所示。

• 精细/粗糙：用来控制每次调整图像的幅度，滑块每移动一格，可以使调整数量双倍增加。

• 显示修剪：勾选该复选框后，在图像中因过度调整而无法显示的区域将以霓虹灯效果显示，如图4-136所示。

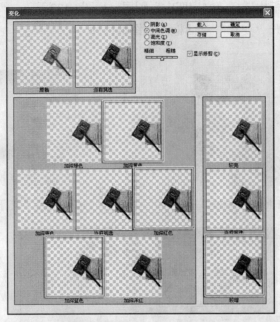

图4-134　单击以调整图像颜色

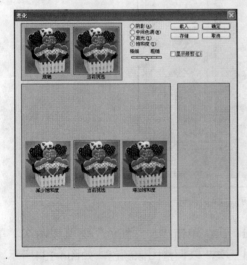

图4-135　选择"饱和度"后的"变化"对话框

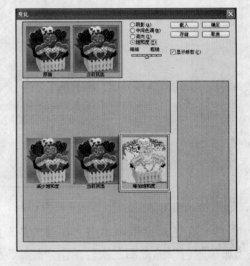

图4-136　以霓虹灯效果显示

 在"变化"对话框中调整图像颜色时，无论先调整哪一个颜色区域，只要操作相同，最终得到的效果都一样，不分先后顺序。

（3）单击"确定"按钮，即可观察到视图中文房四宝图像的颜色变化，如图4-137所示效果。

6. 通道混合器

使用"通道混合器"命令调整图像，指的是通过从单个颜色通道中选取它所占的百分比来创建高品质的灰度、棕褐色调或其他彩色的图像。

（1）在"图层"调板中选择"图层1"，如图4-138所示，然后选择"图像"|"调整"|"通道混合器"命令，打开"通道混合器"对话框，如图4-139所示。

图4-137　颜色调整效果

图4-138　选择"图层 1"

（2）参照图4-140所示在"通道混合器"对话框中调整"绿色"的百分比。

（3）参照图4-141、图4-142所示继续在该对话框中设置参数，以在不同的通道中调整图像颜色。

图4-139　"通道混合器"对话框

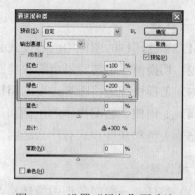

图4-140　设置"绿色"百分比

图4-141　设置"红色"百分比

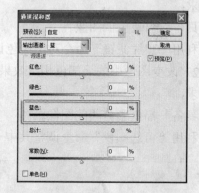

图4-142　设置"蓝色"百分比

"通道混合器"对话框中各选项的含义如下：

- 预设：系统保存的调整数据。
- 输出通道：用来设置调整图像的输出通道。
- 源通道：根据色彩模式的不同会出现不同的调整颜色通道。
- 常数：用来调整输出通道的灰度值。正值可增加白色，负值可增加黑色。200%时输出的通道为白色；－200%时输出的通道为黑色。
- 单色：勾选该复选框，可将彩色图像变为单色图像，而图像的颜色模式与亮度保持不变。

（4）单击"确定"按钮，调整"图层 1"中蝴蝶图像的颜色，效果如图4-143所示。

图4-143　调整图像颜色

# 课后练习

### 1．简答题

（1）彩色印刷的图像中色彩模式必须使用哪一种？

（2）切换前景色与背景色的快捷键是什么？

（3）怎样快速地将曝光过度的照片恢复正常？

（4）如何使一幅图片中的色调和另一幅图片的色调相同？

（5）去色和灰度模式有什么区别？

### 2．操作题

（1）将任意一幅暖色调图像转换为冷色调图像，效果如图4-144所示。

要求：

①具备一幅暖色调图像。

②利用"照片滤镜"命令对图像色调进行调整。

（2）改变图像中的局部色相，效果如图4-145所示。

要求：

①具备一幅色彩分明的图像。

②利用"可选颜色"命令调整其中一种颜色的色相。

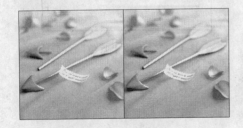

图4-144　调整图像色调

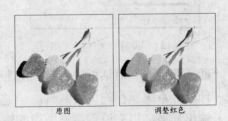

图4-145　调整局部图像颜色

# 第5课

# 绘制与编辑图像

**本课知识结构**

Photoshop CS4为用户提供了一系列绘制图像与进一步修饰、编辑图像的工具，通过使用相应的绘图工具，可以在文件中创建图像，而配合一些用于修饰图像的工具，则可以在原来图像的基础上对其进行加工，并修复有瑕疵的部分。

绘图工具是Photoshop中比较重要的部分，只有扎实地掌握它们的使用方法和技巧，才能在图像处理中大做文章。学习绘制图像与修饰图像的工具，对掌握Photoshop非常重要。本课将带领大家学习Photoshop CS4中用来绘图与编辑图像的工具，以及各个工具在实际操作中的具体应用，希望读者通过本课的学习，可以对绘图与编辑图像这一方面有一个充分的了解，以便在日后的设计过程中更加得心应手。

**就业达标要求**

☆ 掌握如何使用画笔工具         ☆ 掌握图章工具组的使用方法

☆ 掌握如何自定画笔、图案和形状    ☆ 掌握如何使用修复和修补工具

☆ 掌握如何使用图像修饰工具        ☆ 掌握如何使用颜色调整工具

☆ 掌握如何使用渐变工具和油漆桶工具

## 5.1 实例：国画（使用画笔工具）

"画笔"工具✏可以将预设的笔尖图案直接绘制到当前的图像中，也可以绘制到新建的图层中。"画笔"工具✏常用于绘制预设的画笔笔尖图案或绘制不太精确的线条，其使用方法与现实中的画笔相似。

下面将以本节制作的国画为例，向大家详细讲解"画笔"工具✏的具体使用方法，完成效果如图5-1所示。

图5-1　完成效果

1. 使用画笔工具

（1）选择"文件"|"打开"命令，打开本书配套资料\Chapter-05\"国画背景.jpg"文件，如图5-2所示。

（2）选择"画笔"工具✏，单击选项栏中的按钮，在打开的"画笔"调板中，选择需要的预设画笔，如图5-3所示。

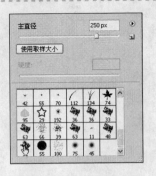

图5-2    素材图像                              图5-3    "画笔"调板

（3）新建"图层 1"，使用"画笔"工具 ✐在视图中绘制装饰图像，效果如图5-4所示。

（4）参照图5-5所示，将"图层 1"的"不透明度"参数设置为50%，为其添加透明效果，如图5-6所示。

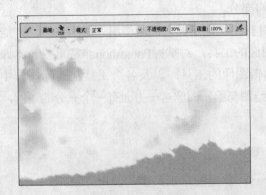

图5-4    绘制装饰图像                          图5-5    设置"不透明度"参数

（5）参照图5-7所示，拖动"图层 1"到"图层"调板底部的"创建新图层" ◻按钮处，释放鼠标后，复制"图层 1"得到"图层 1 副本"图层。

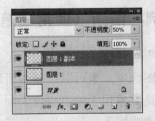

图5-6    添加透明效果                          图5-7    复制图层

（6）选择"图像"|"调整"|"色相/饱和度"命令，打开"色相/饱和度"对话框，参照图5-8所示设置对话框中的参数，单击"确定"按钮完成设置，调整图像颜色，得到如图5-9所示的效果。

（7）参照图5-10、图5-11所示，使用"画笔"工具 ✐继续在视图中绘制装饰图像，得到渐隐的山脉效果。

（8）选择"画笔"工具 ✐，打开"画笔"调板，选择需要的预设画笔，如图5-12所示。

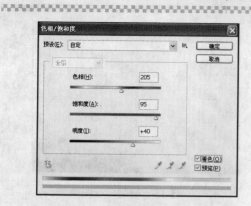

图5-8 "色相/饱和度"对话框

图5-9 调整图像颜色

图5-10 "图层"调板中的状态

图5-11 绘制装饰图像

 在"画笔"调板中单击右上角的黑三角 按钮，会弹出如图5-13所示的菜单，如果想返回原来的预设画笔组效果，只要在弹出的菜单中选择"复位画笔"命令即可。

图5-12 设置画笔

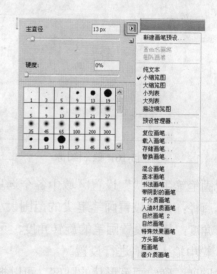

图5-13 弹出式菜单

（9）选中除"背景"以外的所有图层，按快捷键Ctrl+G，将其编组，更改组名称为"山脉"。然后新建"荷花"图层组，并新建"图层5"，如图5-14所示，然后使用"画笔"工具 在视图中绘制如图5-15所示的荷花图像。

图5-14　"图层"调板

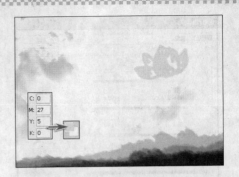

图5-15　绘制荷花图像

（10）新建"图层6"，设置前景色为黑色，使用"画笔"工具 ✐继续在视图中绘制装饰图像，并同步在选项栏中设置"不透明度"参数，得到如图5-16所示效果。

　使用"画笔"工具 ✐绘制线条时，按住Shift键可以以水平或垂直的方法绘制直线。

2. "画笔"调板

（1）选择"画笔"工具 ✐，选择"窗口"｜"画笔"命令，打开"画笔"调板，参照图5-17所示设置画笔的笔尖形状。

图5-16　绘制图像

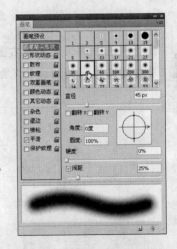

图5-17　设置画笔的笔尖形状

"画笔笔尖形状"设置区域中各个选项的含义如下：

· 直径：用来设置画笔笔尖的范围大小。

· 角度：用于设置画笔的旋转角度，可以拖动右侧控制框中的箭头控制杆或直接在参数栏中输入数值进行设置。

· 圆度：确定画笔形状的圆度，可以拖动右侧控制框中的控制点或直接在参数栏中输入数值。百分比值越大，画笔就越趋于正圆或画笔最初定义时的形状。

· 硬度：用来设置画笔笔尖硬度中心的大小，只有选择椭圆形画笔时该参数才被激活。百分比值越大，画笔边缘就越硬朗，反之边缘就会越柔和。

· 间距：确定相邻的两个画笔笔尖的间距，数值越大，间距就越大，如图5-18所示。

（2）在"画笔"调板中单击"形状动态"选项，切换到对应的设置区域，然后参照图5-19所示在其中设置参数。

图5-18　设置笔尖形状

图5-19　设置画笔"形状动态"

"形状动态"设置区域中各个选项的含义如下：

· 大小抖动：用来设置画笔笔尖大小之间变化的随机性，数值越大，变化越明显。

· 大小抖动控制：在下拉列表中可以选择改变画笔笔尖大小的变化方式。

　　关：不控制画笔笔尖的大小变化。

　　渐隐：可按指定的步长在初始直径和最小直径之间渐隐画笔笔迹的大小。每个步长等于画笔笔尖的一个笔尖。取值范围是1～9999，如果输入值超过最大值，会弹出警告对话框，如图5-20所示。

图5-20　警告对话框

　　钢笔压力、钢笔斜度和和光轮笔：基于钢笔压力、钢笔斜度和光轮笔位置来改变初始直径和最小直径之间画笔笔尖的大小，这几项只有安装了数位板或感压笔时才可以产生效果。

· 最小直径：指定当启用"大小抖动"或"控制"时画笔笔尖可以缩放的最小百分比，数值越大，变化越小。

· 倾斜缩放比例：在"控制"下拉列表中选择"钢笔斜度"后，此项才可以使用，具体是指在旋转前应用于画笔高度的比例因子。

· 角度抖动：设置画笔笔尖的改变方式，如图5-21所示。

· （角度抖动）控制：在其下拉列表中可以设置角度的动态控制。

　　关：不控制画笔笔尖的角度变化。

　　渐隐：可按指定数量的步长在0°～360°之间渐隐画笔笔尖角度。

　　钢笔压力、钢笔斜度、光轮笔和旋转：基于钢笔压力、钢笔斜度、钢笔拇指轮位置或钢笔的旋转在0°～360°之间改变画笔笔尖角度，这几项只有在安装数位板或感压笔时才可以产生效果。

　　初始方向：使画笔笔尖的角度基于画笔描边的初始方向。

　　方向：使画笔笔尖的角度基于画笔描边的方向。

- 圆度抖动：用来设定画笔笔尖的圆度在描边中的改变方式，如图5-22所示。

图5-21　角度抖动

图5-22　圆度抖动

- （圆度抖动）控制：在下拉列表中可以设置画笔笔尖圆度的变化。

　　关：不控制画笔笔尖的圆度变化。

　　渐隐：可按照指定数量的步长在100%和"最小圆度"值之间渐隐画笔笔尖的圆度，效果对比如图5-23、图5-24所示。

图5-23　步长为5

图5-24　步长为10

　　钢笔压力、钢笔斜度、光轮笔和旋转：基于钢笔压力、钢笔斜度、钢笔拇指轮位置或钢笔的旋转在100%和"最小圆度"值之间改变画笔笔尖圆度，这几项只有安装了数位板或感压笔时才可以产生效果。

- 最小圆度：用来设置"圆度抖动"或"圆度控制"启用时画笔笔尖的最小圆度。

　　（3）参照图5-25所示，新建"图层 7"，然后使用"画笔"工具 ✐ 在视图中为荷花绘制花茎图像，效果如图5-26所示。

　　（4）使用相同的方法，使用"画笔"工具 ✐ 在视图中绘制荷叶图像，其中"图层"调板如图5-27所示，图像效果如图5-28所示。

图5-25　"图层"调板

图5-26　绘制图像

图5-27　创建的图层

图5-28　绘制荷叶图像

（5）参照图5-29所示效果，继续绘制荷花图像，可使用键盘上的Alt键复制绘制的荷叶图像，然后调整图像大小与位置。

（6）在"荷花"图层组上方新建"文字信息"图层组，如图5-30所示。使用"直排文字"工具 T 在视图中输入文本"荷花"，如图5-31所示。

图5-29　复制图像

图5-30　创建"文字信息"图层组

（7）参照图5-32所示，继续添加相关文字信息。

### 3. 设置画笔其他属性

在"画笔"调板中，还有一些选项是用来设置画笔属性的，如"散布"、"纹理"、"双重画笔"、"颜色动态"等，下面将对这些选项进行具体介绍。

• 散布：用于控制画笔偏离绘画路线的程度和数量，单击调板左侧的"散布"选项，在右侧的设置区域中可设置相关参数，如图5-33所示。

图5-31　添加文字

图5-32　继续添加相关文字信息

图5-33　设置"散布"参数

散布：控制画笔偏离绘画路线的程度。百分比值越大，则偏离程度就越大。选中"两轴"复选框，则画笔将在X、Y两轴上发生分散，反之只在X轴上发生分散。

数量：控制绘制轨迹上画笔点的数量，数值越大，画笔点越多，如图5-34所示。

数量抖动：用来控制每个空间间隔中画笔点的数量变化，百分比值越大，得到的笔画中画笔的数量波动幅度越大，如图5-35所示。

图5-34　设置"数量"参数

图5-35　设置"数量抖动"参数

- **纹理**：如果需要在画笔上添加纹理效果，单击调板左侧的"纹理"选项，在右侧的设置区域中就可以进行设置，如图5-36所示。

　　**反相**：勾选该复选框，可以反转纹理效果。

　　**缩放**：拖动滑块或在参数栏中输入数值，可以设置纹理的缩放比例。

　　**为每个笔尖设置纹理**：用来确定是否对每个画笔点都分别进行渲染，如果不选择此项，那么"深度"、"最小深度"和"深度抖动"参数就会无效。

　　**模式**：用于选择画笔和图案之间的混合模式。

　　**深度**：用来设置图案的混合程度，数值越大，图案越明显。

　　**最小深度**：确定纹理显示的最小混合程度。

　　**深度抖动**：用来控制纹理显示浓淡的抖动程度，百分比值越大，波动幅度越大。

- **双重画笔**：双重画笔指的是使用两种笔尖形状创建的画笔，选中调板左侧的"双重画笔"选项后，首先在调板右侧的"模式"下拉列表中选择两种笔尖的混合模式，然后在笔尖形状列表框中选择一种笔尖作为画笔的第二个笔尖形状，最后设置叠加画笔的"直径"、"间距"、"数量"和"散布"等参数，如图5-37所示。

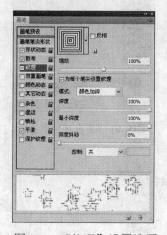

图5-36 "纹理"设置选项

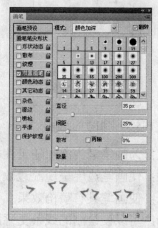

图5-37 设置"双重画笔"的参数

- **颜色动态**："颜色动态"控制在绘画过程中画笔颜色的变化情况，选择调板左侧的"颜色动态"选项后，在右侧可以设置"前景/背景抖动"、"色相抖动"、"饱和度抖动"等参数，如图5-38所示。

 设置"颜色动态"参数时，画笔调板下方的预览区域并不会显示出相应的效果，动态颜色效果只有在图像窗口中绘画时才会看到，如图5-39所示。

　　**前景/背景抖动**：设置画笔颜色在前景色和背景色之间的变化情况。

　　**色相抖动**：指定画笔绘制过程中画笔颜色色相的动态变化范围，百分比值越大，画笔的色调发生随机变化时就越接近背景色，反之就越接近前景色。

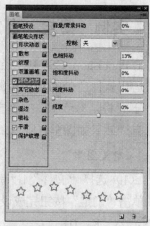

图5-38 设置"颜色动态"的参数

饱和度抖动：指定画笔绘制过程中画笔颜色饱和度的动态变化范围，百分比值越大，画笔的饱和度发生随机变化时就越接近背景色的饱和度，反之就越接近前景色的饱和度。

亮度抖动：指定画笔绘制过程中画笔亮度的动态变化范围，百分比值越大，画笔的亮度发生随机变化时就越接近背景色亮度，反之就越接近前景色亮度。

纯度：设置绘画颜色的纯度。

- 其他动态：选择调板左侧的"其他动态"选项，在右侧的设置区域中可以设置画笔的"不透明度抖动"和"流量抖动"参数，如图5-40所示。"不透明度抖动"指定画笔绘制过程中油墨不透明度的变化，"流量抖动"指定画笔绘制过程中油墨流量的变化。

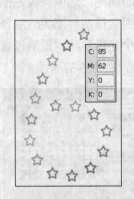

图5-39　相应的绘画效果

图5-40　设置其他动态

- 杂色：为画笔笔尖添加随机性的杂色效果。
- 湿边：使画笔边界呈现湿边效果，类似于水彩绘画。
- 喷枪：使画笔具有喷枪效果。
- 平滑：可以使绘制的线条更平滑。
- 保护纹理：选择此选项后，当使用多个画笔时，可模拟一致的画布纹理效果。

## 5.2　实例：墨宝（自定画笔、图案和形状）

在Photoshop CS4中，经常需要使用一些具有特殊效果的画笔、图案和形状，这就使得除了运用软件自带的预设资源外，还需要通过自定义操作来帮助完善作品的设计创作。

下面将以本节制作的墨宝为例，向大家具体介绍在实际操作中如何自定画笔、图案和形状，完成效果如图5-41所示。

### 1. 定义图案

（1）选择"文件"|"新建"命令，打开"新建"对话框，参照图5-42所示设置页面大小，单击"确定"按钮完成设置，即会创建一个新文档，然后为背景填充浅黄色（C：2、M：5、Y：28、K：0）。

（2）选择"文件"|"打开"命令，打开配套资料\Chapter-05\"宣纸纹理.jpg"文件，如图5-43所示。

图5-41 完成效果

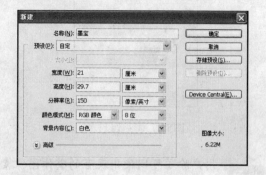

图5-42 "新建"对话框

（3）选择"编辑"｜"定义图案"命令，打开"图案名称"对话框，参照图5-44所示在"名称"文本框输入图案名称，单击"确定"按钮完成设置。

图5-43 素材图像

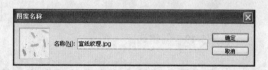

图5-44 "图案名称"对话框

（4）切换到"墨宝.psd"文档中，新建"图层1"，为该图层填充白色。单击"图层"调板底部的"添加图层样式" fx. 按钮，在弹出的快捷菜单中选择"图案叠加"命令，打开"图层样式"对话框，参照图5-45所示设置参数，为图像添加图案叠加效果。

（5）同样在"图层样式"对话框中，参照图5-46所示设置参数，为图像添加描边效果，单击"确定"按钮完成设置。

图5-45 设置图案叠加效果

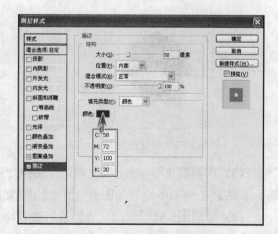

图5-46 设置描边效果

（6）参照图5-47所示，将"图层1"的"不透明度"参数设置为50%，为其添加透明效果，如图5-48所示。

图5-47　参数设置

图5-48　添加透明效果

 用户除了可以使用现有的整体图像素材来定义图案外，还可以将图像的局部定义为图案，具体操作时，只需在图像中创建选区，然后进行定义即可，如图5-49、图5-50所示。

图5-49　创建选区

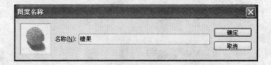

图5-50　"图案名称"对话框

 自定义图案所创建的选区的羽化值必须为0，而且形状必须是矩形，否则"定义图案"命令不能使用。

2. 定义画笔预设

（1）打开配套资料\Chapter-05\"墨.jpg"文件，如图5-51所示。

（2）选择"编辑"|"定义画笔预设"命令，打开"画笔名称"对话框，参照图5-52所示设置画笔名称，单击"确定"按钮完成设置，将其自定义为画笔。

图5-51　素材图像

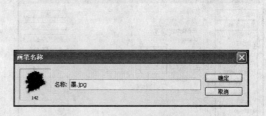

图5-52　定义画笔预设

（3）切换到"墨宝.psd"文档中，新建"图层2"，设置前景色为黑色，然后使用"画笔"工具 ✐ 在视图中绘制如图5-53所示的图像。

（4）参照图5-54所示，在"图层"调板中设置"不透明度"参数为50%，得到如图5-55所示的效果。

（5）参照图5-56所示，复制"图层2"得到"图层2副本"，调整图像大小与位置，并设置其"不透明度"参数为100%。

图5-53　绘制图像

图5-54　"图层"调板

图5-55　设置透明效果

图5-56　复制图像

 与定义图案相同，如果只想将图像中的某个部位定义为画笔，只要在该部分周围创建选区即可，但选区的形状随意，不受限制，如图5-57、图5-58所示。

图5-57　创建选区

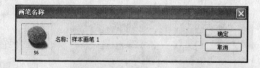

图5-58　"画笔名称"对话框

 彩色图像定义为画笔后，会以灰度模式存储，为了更好地浏览到画笔效果，用户可以先将图像转换为灰度图像，然后再定义为画笔。

3. 定义自定形状

（1）打开配套资料\Chapter-05\ "宣纸纹理（边框）.jpg"文件，如图5-59所示。

（2）选择"编辑"|"定义自定形状"命令，打开"形状名称"对话框，参照图5-60所示设置形状名称，单击"确定"按钮完成设置，将其定义为形状图形。

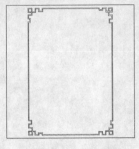

图5-59　素材图像

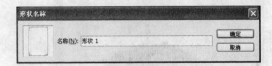

图5-60　定义自定形状

（3）接下来使用"自定形状"工具，在视图中绘制自定形状图形，得到图5-61所示边框效果。

（4）参照图5-62所示，继续为视图添加相关文字信息和装饰图像。

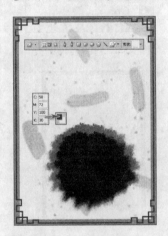

图5-61　绘制形状图形

图5-62　添加文字和装饰图像

## 5.3　实例：圣诞礼物（渐变工具和油漆桶工具）

在Photoshop CS4中用于填充的工具主要集中在渐变工具组中，其中包括"渐变"工具和"油漆桶"工具，使用渐变工具组中的工具可以在当前选取的图层或选区中填充渐变色、前景色和图案。

下面将通过制作如图5-63所示的圣诞礼物，向大家介绍"渐变"工具和"油漆桶"工具在实际操作中是如何使用的。

图5-63　圣诞礼物效果

**1．渐变工具**

（1）打开配套资料\Chapter-05\"雪花.jpg"文件，如图5-64所示。

（2）使用"多边形套索"工具在视图中绘制选区，如图5-65所示。

图5-64 素材图像

图5-65 绘制选区

（3）选择"渐变"工具，单击选项栏中的渐变色，打开"渐变编辑器"对话框，如图5-66所示。

（4）双击"渐变编辑器"对话框中的色标，打开"选择色标颜色"对话框，参照图5-67所示设置颜色，单击"确定"按钮，关闭对话框。

图5-66 "渐变编辑器"对话框

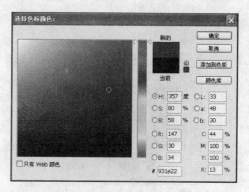

图5-67 设置色标颜色

（5）参照图5-68所示，继续设置色标颜色，单击"确定"按钮，完成渐变色的设置。

（6）单击"渐变"选项栏中"线性渐变"按钮，并新建图层，然后使用"渐变"工具在视图中单击并拖动，释放鼠标后，为选区添加渐变填充效果，如图5-69所示。

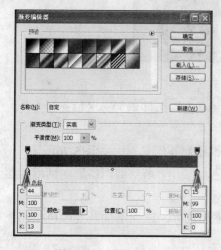

图5-68 设置渐变色

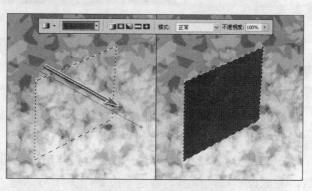

图5-69 为选区填充渐变色

（7）参照图5-70、图5-71所示，使用以上相同的方法，绘制立方体效果。

（8）使用"多边形套索"工具继续在视图中绘制选区，如图5-72所示。

图5-70 "图层"调板

图5-71 绘制立方体效果

（9）选择"渐变"工具，单击选项栏中的渐变色，打开"渐变编辑器"对话框，参照图5-73所示设置渐变色，完成设置后，单击"确定"按钮，关闭对话框。

图5-72 绘制选区

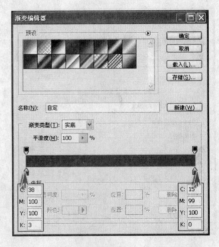

图5-73 设置渐变色

（10）参照图5-74所示，使用"渐变"工具在新建的图层中为选区添加渐变填充效果。

图5-74 为选区填充渐变色

（11）新建"图层5"，继续绘制盒盖图像，并使用"渐变"工具为选区填充渐变色，得到如图5-75所示效果。

（12）选择"椭圆选框"工具，配合键盘上的Shift键绘制正圆选区，如图5-76所示。

（13）选择"渐变"工具，单击选项栏中的渐变色，打开"渐变编辑器"对话框，参照图5-77所示设置渐变色。

（14）参照图5-78所示，在渐变条下方单击，即可添加色标，进而增加渐变颜色中的个数，完成设置后，单击"确定"按钮，关闭对话框。

图5-75 为图像设置渐变色

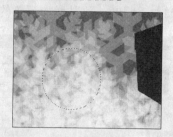

图5-76 绘制正圆

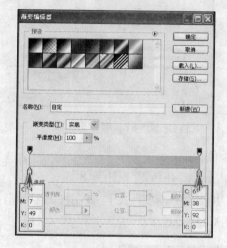

图5-77 设置渐变色

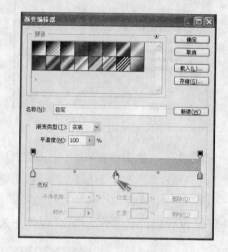

图5-78 添加色标

"渐变编辑器"对话框中各选项含义如下：

- 预设：显示当前渐变组中的渐变类型，可以直接进行选择。
- 名称：显示当前选取渐变色的名称，用户可以对其进行自定义。
- 渐变类型：在渐变类型下拉列表中包括"实底"和"杂色"两个选项。选择不同选项时，参数和设置效果也会随之改变。默认状态下，显示为"实底"设置区域，选择"杂色"时，参数的变化如图5-79所示。
- 平滑度：用来设置颜色过渡时的平滑均匀度，数值越大，过渡越平稳。

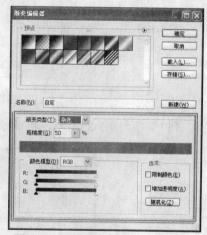

图5-79 选择"杂色"时的参数区

- 色标：是用来对渐变的颜色与不透明度以及不透明度的位置进行控制的区域。选择颜色色标时，可以对当前色标对应的颜色和位置进行设定；选择不透明度色标时，可以对当前色标对应的不透明度和位置进行设定。
- 粗糙度：用来设置渐变颜色过渡时的粗糙程度，输入的数值越大，渐变填充就越粗糙。
- 颜色模型：在下拉列表中可以选择的模型包括RGB、HSB和LAB三种，选择不同模型后，可通过下面的颜色条来确定渐变颜色。
- 限制颜色：可以降低颜色的饱和度，如图5-80所示。

• 增加透明度：可以增加颜色的不透明度，如图5-81所示。

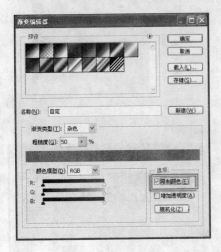 

图5-80　限制颜色　　　　　　　　　　　　　图5-81　增加透明度

• 随机化：单击该按钮，可以随机设置渐变颜色。

（15）在"礼物"图层组上方新建"汽球"图层组，并新建"图层 8"。

（16）单击选项栏中的"径向渐变"■按钮，并使用"渐变"工具■在视图中单击并拖动，释放鼠标后，为选区添加渐变填充效果，如图5-82所示。

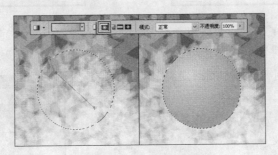

图5-82　为选区填充渐变色

（17）参照图5-83所示，继续绘制细节图像，并分别为其填充颜色。

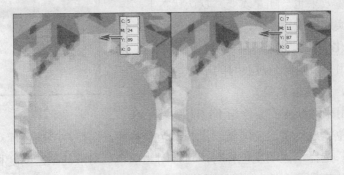

图5-83　绘制细节图像

（18）单击"图层"调板底部的"添加图层样式" *fx.* 按钮，在弹出的快捷菜单中选择"斜面和浮雕"命令，打开"图层样式"对话框，参照图5-84所示设置参数，单击"确定"按钮完成设置，为图像添加斜面和浮雕效果。

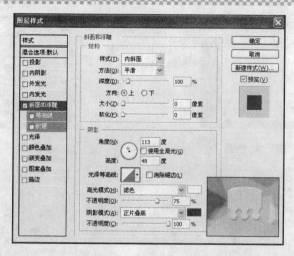

图5-84 设置"斜面和浮雕"效果

### 2. 油漆桶工具

（1）使用"多边形套索"工具 在视图中绘制选区，如图5-85所示。

（2）在"图层4"下方新建"图层6"，设置前景色为深红色（C：56、M：99、Y：100、K：49），使用"油漆桶"工具 在选区内单击，为其填充前景色，如图5-86所示。

图5-85 绘制选区

图5-86 为选区填充颜色

在工具箱中单击"油漆桶"工具 后，Photoshop CS4的选项栏会自动变为该工具所对应的选项设置状态，通过选项栏可以对该工具进行相应的属性设置，以增强其效果，如图5-87所示。

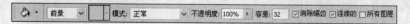

图5-87 油漆桶工具选项栏

选项栏中各选项含义如下：

- 前景：与工具箱中的前景色保持一致，填充时会以前景色进行填充。
- 图案：以预设的图案作为填充对象，只有选择该选项时，后面的"图案"拾色器才会被激活，填充时只要单击 按钮，即可在打开的"图案"拾色器中选择要填充的图案，如图5-88所示。
- 容差：用于设置填充范围，在参数栏中输入的数值越小，选取的颜色范围就越接近；反之选取的颜色范围就越广，对比效果如图5-89至图5-91所示。
- 连续的：用于设置填充时的连贯性，对比效果如图5-92、图5-93所示。

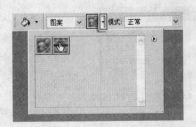

图5-88　"图案"拾色器

图5-89　原图

图5-90　容差为10

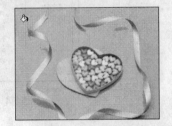

图5-91　容差为32

图5-92　连续

图5-93　不连续

- 所有图层：勾选该复选框，可以将多层的文件看为单一图层文件填充，不受图层限制。

（3）参照图5-94所示，为礼品盒绘制装饰图像。

（4）使用以上相同的方法，继续绘制其他部分为图像，如图5-95所示。

图5-94　绘制装饰图像

图5-95　继续绘制图像

（5）参照图5-96所示，使用"多边形套索工具"和"椭圆选框工具"在视图中绘制选区。

（6）选择"背景"图层，单击"创建新图层"　按钮，新建图层，然后为选区填充深蓝色（C：100、M：96、Y：56、K：0）。

（7）单击"添加图层蒙版"　按钮，为该图层添加图层蒙版。然后使用"画笔工具"　将视图中部分图像隐藏，"图层"调板如图5-97所示，添加蒙版后的效果如图5-98所示。

图5-96　绘制选区以创建投影

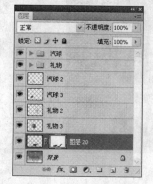

图5-97　"图层"调板

图5-98　添加图层蒙版

## 5.4　实例：金玉满堂（图章工具）

　　图章工具是常用的修饰工具，主要用于对图像的内容进行复制。使用这一工具可以选择图像的不同部分，将它们复制到同一个文件或另一个文件中，以修补局部图像的不足。图章工具包括"仿制图章"工具 ♣ 和"图案图章"工具 ♣ 两种。

　　下面将通过本节制作的图像，讲解"仿制图章"工具 ♣ 和"图案图章"工具 ♣ 具体是如何使用的，完成效果如图5-99所示。

图5-99　完成效果

### 1. 仿制图章工具

　　（1）打开配套资料\Chapter-05\"红色古老的背景.psd"文件，如图5-100所示。

　　（2）选择"仿制图章"工具 ♣，按住键盘上的Alt键在图像中要仿制的区域单击进行取样，如图5-101所示。

图5-100　素材图像

图5-101　取样

（3）然后使用"仿制图章"工具 🖳 在视图中绘制，即可复制图像，效果如图5-102所示。

图5-102　复制图像

勾选"对齐"复选框进行复制时，无论执行多少次操作，每次复制时都会以上次取样点的最终移动位置为起点开始复制，以保持图像的连续性；否则在每次复制图像时，都会以第一次按Alt键取样时的位置为起点进行复制，这样会造成图像的多重叠加。

（4）使用以上相同的方法，选中"图层 2副本"图层，使用"仿制图章"工具 🖳 复制图像，"图层"调板如图5-103所示，图像效果如图5-104所示。

图5-103　"图层"调板

图5-104　复制图像

（5）打开配套资料\Chapter-05\ "金币.psd"文件，如图5-105所示。

（6）选择"窗口"|"仿制源"命令，打开"仿制源"调板，如图5-106所示，设置调板参数。

调板中各选项含义如下：

· 位移：用来设置仿制源在图像中的坐标值。

· "复位变换" ↻ 按钮：单击该按钮，可以清除设置的仿制变换。

图5-105  素材图像                      图5-106  "仿制源"调板

- 帧位移：设置动画中帧的位置。
- 锁定帧：将被仿制的帧锁定。
- 显示叠加：勾选该复选框，可以在仿制的时候显示预览效果。
- 不透明度：用来设置仿制的同时会出现的采样图像图层的不透明度。
- 自动隐藏：仿制时将叠加层隐藏。
- 反相：将叠加层的效果以负片显示。

（7）选择"仿制图章"工具 ，按住键盘上的Alt键在图像中单击进行取样，如图5-107所示。

（8）在"图层 2"上方新建"图层 3"，使用"仿制图章"工具 在视图中绘制图像，得到如图5-108所示的效果。

图5-107  取样                          图5-108  图像效果

## 2. 图案图章工具

（1）选择"图案图章"工具 ，单击选项栏中"图案"拾色器右边的按钮，打开"图案"拾色器，如图5-109所示。

（2）单击"图案"拾色器中右上角的 按钮，在弹出的快捷菜单中选择"填充纹理 2"命令，如图5-110所示，这时会弹出一个如图5-111所示的提示框，单击"追加"按钮，进行图案添加并关闭该提示框。

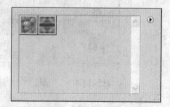

图5-109  "图案"拾色器

（3）参照图5-112所示，选择"稀疏基本杂色（200×200像素，灰色模式）"图案。

（4）在"图层 1"下方新建"图层 4"，选择"图案图章"工具 ，并在选项栏中设置参数，然后在视图中绘制图案图像，如图5-113所示。

图5-110　快捷菜单　　　　　　　　　　　　图5-111　提示框

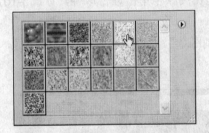

图5-112　选择图案　　　　　　　　　　图5-113　绘制图案图像

（5）参照图5-114所示，为"图层 4"设置混合模式为"颜色加深"选项，得到图5-115所示的效果。

图5-114　"图层"调板　　　　　　　　　图5-115　图像效果

## 5.5　实例：帆船（修复和修补工具）

修复和修补工具常用于修复图像中的杂色或污斑，在本节中主要介绍包括"污点修复画笔"工具 ，"修复画笔"工具 和"修补"工具 。下面将通过制作如图5-116所示的帆船效果向大家讲解修复和修补工具的具体使用方法。

图5-116　完成效果

### 1. 污点修复画笔工具

（1）打开配套资料\Chapter-05\ "旧帆船.jpg"文件，如图5-117所示。

（2）选择"污点修复画笔"工具 ，在视图右下角将需要修改的图像覆盖，释放鼠标后，图像将自动修复，如图5-118所示。

图5-117　素材图像

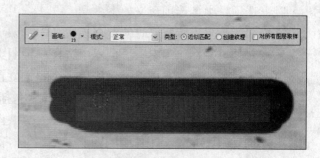

图5-118　修复图像

以上工具选项栏中各选项含义如下：

- 模式：用来设置修复图像时的混合模式，当选择"替换"选项时，可以保留画笔描边边缘处的杂色、胶片颗粒和纹理。
- 近似匹配：选择该单选项，如果没有为污点建立选区，则样本自动采用污点外部四周的像素；如果在污点周围绘制选区，则样本采用选区外围的像素。
- 创建纹理：选择该单选项，将使用选区中的所有像素创建一个用于修复该区域的纹理，如图5-119所示。

图5-119　创建纹理

### 2. 修复画笔工具

选择"修复画笔"工具 ，配合键盘上Alt键在视图中单击进行取样，然后在需要修复的图像上绘制，即可修复图像，如图5-120所示。

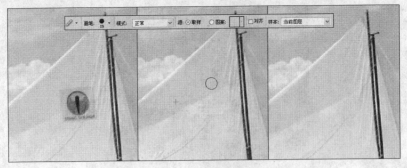

图5-120　使用"修复画笔"工具修复图像

在工具箱中选择"修复画笔"工具 ✐ 后，选项栏会自动变为"修复画笔"工具 ✐ 所对应的选项设置，通过选项栏可以对该工具进行相应的属性设置，如图5-121所示。

图5-121　"修复画笔"工具选项栏

以上选项栏中各选项含义如下：

- 模式：用来设置修复时的混合模式。
- 图案：可以在"图案"拾色器中选择一种图案来修复目标。
- 对齐：勾选该复选框后，只能用一个固定位置上的同一图像来进行修复。
- 样本：选择选取复制图像时的源目标点。包括当前图层、当前和下方图层、所有图层三种。

　　当前图层：正处于工作中的图层。

　　当前和下方图层：处于工作中的图层和其下面的图层。

　　所有图层：将多层文件看成单图层文件。

3. 修补工具

（1）选择"修补"工具 ▨ ，在视图中选择需要修复的图像区域，如图5-122所示。

"修补"工具选项栏中各选项含义如下：

- 源：指要修补的对象是现在选中的区域。
- 目标：与"源"选项相反，要修补的是选区被移动后到达的区域而不是移动前的区域。

（2）将鼠标移动到选区内，并拖动选区到取样的区域中，释放鼠标后，使选区内的图像被取样的区域修补，如图5-123所示。

图5-122　选择需要修复的图像区域

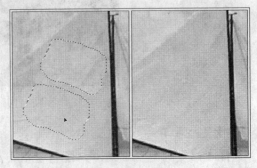

图5-123　修补图像

提示 如果在"修补"工具选项栏中勾选"透明"复选框，则被修补区域除边缘融合外，还有内部的纹理融合，被修补区域就好像做了透明处理一样。

（3）选择"图像"|"调整"|"曲线"命令，打开"曲线"对话框，参照图5-124所示设置参数，单击"确定"按钮完成设置，调整图像亮度，得到图5-125所示的效果。

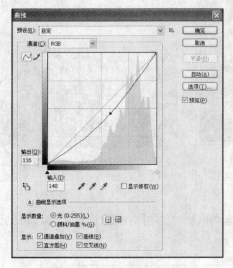

图5-124 "曲线"对话框

图5-125 调整图像亮度

## 5.6 实例：雪糕广告（图像修饰工具）

图像修饰工具组包括"模糊"工具 ◌、"锐化"工具 △ 和"涂抹"工具 ◍，它们常用于控制图像的对比度、清晰度，可以创建精美、细致的图像。"模糊"工具 ◌ 和"锐化"工具 △ 主要通过调整相邻像素之间的对比度实现图像的模糊和锐化，前者会降低相邻像素间的对比度，后者则是增加相邻像素间的对比度。

下面将以本节制作的雪糕广告向大家介绍以上工具在实际操作中是如何运用的，完成效果如图5-126所示。

### 1. 模糊工具

（1）打开配套资料\Chapter-05\ "雪糕图像.psd"文件，如图5-127所示。

图5-126 完成效果

图5-127 素材图像

（2）参照图5-128所示，使用"模糊"工具 ○对水果图像进行修饰，使图像的边界区域变得柔和，得到模糊效果。

**2. 锐化工具**

参照图5-129所示，使用"锐化"工具 △ 在图像上多次单击，使图像更为清晰。

图5-128　模糊图像　　　　　　　　　　　　图5-129　锐化图像

**3. 涂抹工具**

选择"涂抹"工具 ○，在雪糕左下角单击并拖动鼠标，即可对图像进行修饰，得到图5-130所示的效果。

图5-130　涂抹图像

选项栏中各选项含义如下：

· 强度：用来控制涂抹区域的长短，数值越大，该涂抹点会越长。

· 手指绘画：勾选该复选框，涂抹图像时的痕迹将会采用景色与图像的混合涂抹方式，对比效果如图5-131、图5-132所示。

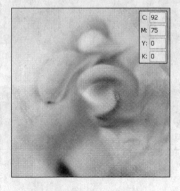

图5-131　原图　　　　　　　　　　　图5-132　勾选"手指绘画"复选框

## 5.7 实例：葱油酥饼干包装立体图（颜色调整工具）

图像颜色调整工具组包括"减淡"工具 ✎、"加深"工具 ✑ 和"海绵"工具 ◯，主要用来对图像的局部进行色调和颜色上的调整。"颜色替换"工具 ✐ 位于绘图工具组，使用此工具可以用前景色替换图像中的色彩。

下面将通过调整出如图5-133所示的葱油酥饼干包装立体图效果，向读者介绍颜色调整工具的使用方法。

图5-133 完成效果

### 1. 加深工具

（1）打开配套资料\Chapter-05\"葱油酥饼干包装.psd"文件，如图5-134所示。

（2）选择"加深"工具 ✑，在视图中对图像暗部进行涂抹，增强包装图像的明暗效果，如图5-135所示。

图5-134 素材图像

图5-135 增强图像明暗效果

"加深"工具选项栏中的各选项含义如下：

- 范围：用于设置加深时的范围，包括阴影、中间调和高光。

  阴影：调整图像中最暗的区域。

  中间调：调整图像中色调处于高亮和阴暗间的区域。

  高光：调整图像中的高亮区域。

- 曝光度：用来控制图像的曝光强度，数值越大，曝光强度就越明显。

### 2. 减淡工具

选中"图层 4"，使用"减淡"工具 ✎ 对图像的亮部进行涂抹，使图像变淡，如图5-136所示效果。

### 3. 海绵工具

选择"海绵"工具 ◯，在视图中饼干区域进行绘制，即可调整图像的饱和度，如图5-137所示。

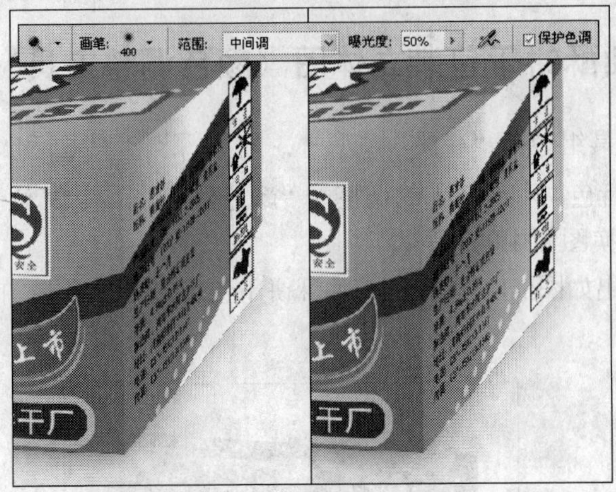


图5-136　减淡图像颜色

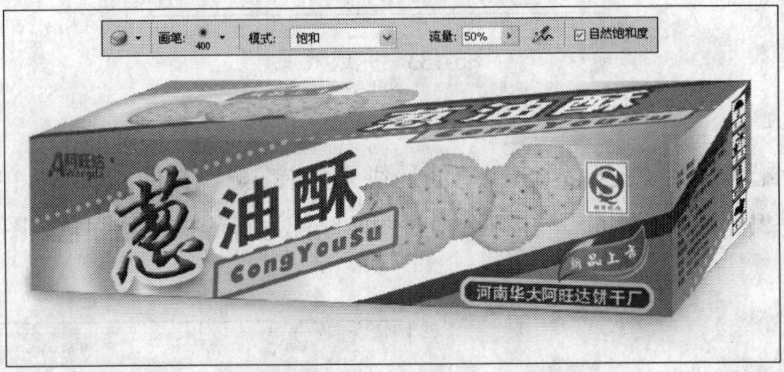


图5-137　调整图像的饱和度

其选项栏中各选项的含义如下：

- 模式：在其下拉列表中包括“降低饱和度”和“饱和”两种选项。
- 自然饱和度：用于处理饱和度不够的图片，可以调整出非常优雅的灰色调。

技巧　使用“海绵”工具时，在键盘中输入相应的数字便可以改变“流量”参数。“加深”工具和“减淡”工具改变的是“曝光度”。

4. 颜色替换工具

设置前景色为红色（C：0、M：96、Y：95、K：0），然后选择“颜色替换”工具，在需要替换颜色的图像上单击并拖动鼠标，即可将图像中的颜色替换为前景色，如图5-138所示。

“颜色替换”工具选项栏中的“模式”选项可设置替换颜色时的混合模式，包括“色相”、“饱和度”、“颜色”和“明度”几种模式，原图与其中三种的对比效果如图5-139至图5-142所示。

图5-138　替换图像颜色

图5-139　原图

图5-140　色相

图5-141　饱和度

图5-142　明度

## 课后练习

1. 简答题

（1）如何将图像中的局部图案自定义为画笔？

（2）渐变工具有几种类型效果？分别是什么？

（3）擦除工具组中包括几种工具？它们的操作方法分别是什么？

（4）仿制图章工具和图案图章工具有何区别？

（5）如何去除图像中不需要的部分？

2. 操作题

（1）创建烛光效果，如图5-143所示。

图5-143　烛光效果

要求：

①具备一幅蜡烛图像。

②使用"画笔"工具 ✐ 创建烛光效果。

（2）将任意一幅彩色图像转换为灰度图像，效果如图5-144所示。

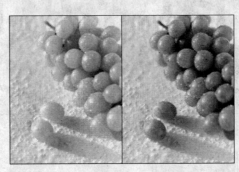

图5-144　将图像转换为灰度图像

要求：

①具备一幅彩色图像。

②使用"海绵"工具 ◍ 将其转换为灰度图像。

# 第6课

# 文字的应用

**本课知识结构**

在Photoshop中进行设计创作时，除了可以绘制色彩缤纷的图像外，还可以创建具有各种效果的文字。文字不仅可以帮助大家较快了解作品所呈现的主题，有时在整个作品中也可以扮演非常重要的角色。

在广告、海报、网页设计等平面设计作品中，好的文字布局和设计能起到画龙点睛的作用。在本课中将带领读者学习关于文字应用的知识和技巧，希望可以对大家日后的设计创作有所帮助。

**就业达标要求**

☆ 掌握如何输入文本      ☆ 了解如何使文字变形

☆ 掌握如何设置文本格式      ☆ 掌握如何将文字转化为轮廓

☆ 掌握路径文字的创建      ☆ 了解文字的其他编辑方式

## 6.1 实例：旅游路线表格（选择文字）

在对文字进行编辑时，通过选择不同的文本，可以在同一个文本图层中使文字的大小、颜色、字体等设置各有不同，产生丰富多彩的效果。选择文字的方法有很多种，如使用鼠标单击选取、使用鼠标拖动选取、使用键盘选取等。

下面将通过制作旅游路线表格来向大家讲解各种选择文本的方法，完成效果如图6-1所示。

图6-1 完成效果

选择文字

（1）打开配套资料\Chapter-06\ "旅游路线.psd" 文件，如图6-2所示。

图6-2　素材图像

（2）选择 "横排文字" 工具 T，在视图中单击，即可插入光标，如图6-3所示。

（3）按住键盘上Shift键的同时按下键盘上方向键 "←"，将光标前的文字选择，这时被选择的文字为反白效果，如图6-4所示。

图6-3　插入光标

图6-4　选择文字

（4）单击 "设置前景色" 按钮，在打开的 "拾色器（前景色）" 对话框中设置颜色为红色（C：0、M：96、Y：95、K：0），设置文字颜色，如图6-5所示。

（5）接下来在需要的文本上拖动鼠标，即可将其选中，如图6-6所示。

图6-5　设置文字颜色

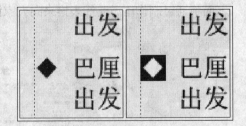

图6-6　选择文字

（6）使用相同的方法，继续设置其颜色，效果如图6-7所示。

（7）在段落中连续单击三次，可以将整个段落文本选中，如图6-8所示。

（8）参照图6-9所示，在选项栏中设置段落文本的字体。

（9）参照图6-10所示，在视图中拖动鼠标选中段落文本，并在选项栏中设置文本的字体。然后使用相同的方法，选择文本并设置其字体，得到如图6-10右图所示效果。

图6-7 设置文字颜色

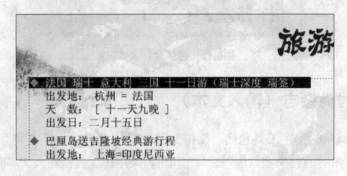

图6-8 选择段落文字

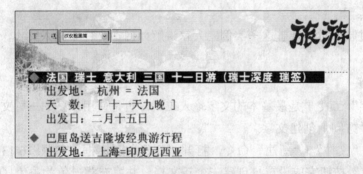

图6-9 设置文本字体

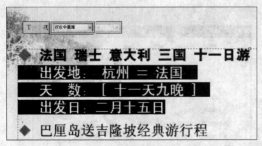

图6-10 继续设置文本字体

**提示** 在文本中连续单击五次，即可将当前图层中的所有文本选中，如图6-11所示。

图6-11    选择全部文本

## 6.2    实例：时尚杂志（输入文本）

Photoshop CS4中的文字工具包括"横排文字"工具 T、"直排文字"工具 T、"横排文字蒙版"工具 和"直排文字蒙版"工具 4种。其中用于直接输入文本的是"横排文字"工具 T 和"直排文字"工具 T，用于创建文字选区的是"横排文字蒙版"工具 和"直排文字蒙版"工具 。

下面将通过制作时尚杂志这一实例向大家讲解如何在文件中输入文本，完成效果如图6-12所示。

### 1. 输入文字

"横排文字"工具 T 是最基本的文字输入工具，也是使用最多的一种文字工具，使用该工具可以在水平方向上创建文字。

（1）选择"文件"|"新建"命令，打开"新建"对话框，参照图6-13所示设置页面大小，单击"确定"按钮完成设置，创建一个新文档，并填充背景色为黄色（C: 10、M: 0、Y: 83、K: 0）。

图6-12    完成效果

图6-13    "新建"对话框

（2）选择"横排文字"工具 **T**，在视图中单击插入光标，如图6-14所示。

（3）这时输入文本"**A CAR**"，单击选项栏中的"提交所有当前编辑" ✔按钮，完成文本的输入，如图6-15所示。

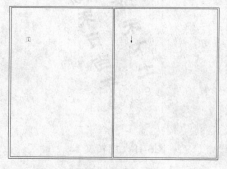

图6-14　插入光标

图6-15　输入文本

 单击"横排文字"工具选项栏中的"取消所有当前编辑" ⊘按钮，可以将正处于编辑状态的文字复原。

2. 点文本和段落文本

（1）使用"横排文字"工具 **T**，在视图中输入文本"CALLED"，然后按快捷键Ctrl+Enter，完成文本的输入，如图6-16所示。

图6-16　点文本

 在创建点文本时如果需要换行，只要按下键盘上的Enter键即可，若按下小键盘上的Enter键，则可完成文本的输入。

（2）参照图6-17所示，使用"横排文字"工具 **T**，在视图中单击并拖动鼠标，绘制文本框，释放鼠标后，在文本框中输入文字即可创建段落文本。

 点文本和段落文本也可以像图形一样进行缩放、倾斜和旋转等变换操作。变换文字时，首先在"图层"调板中选择文字图层为当前图层，然后选择"编辑" | "自由变换"命令，或按下键盘上的Ctrl+T快捷键进行变换操作，如图6-18所示。

 选择文字图层为当前图层后，再选择"图层" | "文字" | "转换为段落文本"或"转换为点文本"命令，可以实现点文本和段落文本的相互转换。但需要注意的是，将段落文本转换为点文本时，每个文字行的末尾都会添加一个回车符号。将点文本转换为段落文本后，可删除段落文本中的回车符，使字符在文本框中重新排列。

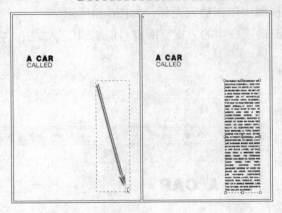

图6-17　创建段落文本　　　　　　　　　　　图6-18　旋转文本

### 3. 文字选区的创建

（1）选择"直排文字蒙版"工具 ，在视图中单击，进入蒙版状态，当插入光标时输入文字"BLUEBIRD"，如图6-19所示。

（2）按键盘上Ctrl+Enter组合键完成文本的输入，得到图6-20所示的选区。

图6-19　输入文本　　　　　　　　　　　　图6-20　形成选区

如果使用"横排文字蒙版"工具 ，可以在水平方向上创建文字选区，该工具的使用方法与"横排文字"工具 T 相同，创建完成后单击"提交所有当前编辑"按钮或在工具箱中选择其他工具，选区便创建完成，如图6-21所示。

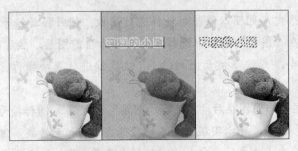

图6-21　使用"横排文字"工具创建文字选区

（3）新建"图层 1"，为选区填充褐色（C：51、M：86、Y：100、K：27），并取消选区，效果如图6-22所示。

 **提示** 使用"横排文字蒙版"工具 或"直排文字蒙版"工具 创建的选区，不仅可以填充单一颜色，还可以填充渐变色或图案，如图6-23、图6-24所示。

图6-22 为选区填充颜色

图6-23 填充渐变色

图6-24 填充图案

（4）打开配套资料\Chapter-06\"蓝色汽车.jpg"文件，然后使用"移动"工具 拖动素材图像到正在编辑的文档中，调整图像位置，如图6-25所示。

（5）在"图层"调板中为"图层 2"设置混合模式为"点光"选项，得到图6-26所示的效果。

图6-25 添加素材图像

图6-26 设置混合模式的效果

## 6.3 实例：信息海报（设置文本的格式）

Photoshop CS4为用户提供了设置文本格式的渠道，那就是"字符"调板、"段落"调板，以及对应的文字工具选项栏。

下面将制作图6-27所示的信息海报，通过此例，我们将向大家展示如何设置文本格式。

图6-27　完成效果

1. 设置文字格式

（1）打开配套资料\Chapter-06\"文字信息.psd"文件，如图6-28所示。

（2）选择"窗口"|"字符"命令，打开"字符"调板，如图6-29所示。

图6-28　素材图像

图6-29　"字符"调板

（3）选中相应的文本图层，单击"字符"调板中的"设置字体系列"下拉按钮，在其下拉列表中选择一种需要的字体类型，即可对文本进行设置，字体选择如图6-30，设置效果如图6-31所示。

图6-30　选择字体

图6-31　设置文本字体

（4）在"字符"调板中的"设置字体大小"参数栏中输入数值53，如图6-32所示，即可对文字的大小进行调整，如图6-33所示。

（5）参照图6-34所示，在"设置行距"参数栏中输入数值58，即可设置文字行之间的距离，得到图6-35所示效果。

（6）同样在"字符"调板中，设置"垂直缩放"参数为150%，调整文本的高度，如图6-36、图6-37所示效果。

图6-32 输入参数

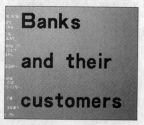

图6-33 设置文本大小

图6-34 设置行距参数

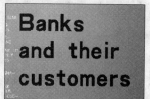

图6-35 行距设置效果

图6-36 设置"垂直缩放"参数

图6-37 垂直缩放的设置效果

（7）在"设置所选字符的字距调整"下拉列表中选择10，即可设置文字间距，如图6-38、图6-39所示。

图6-38 字距参数选择

图6-39 字距设置的效果

（8）单击"字符"调板中的"全部大写字母"TT按钮，设置英文字母为大写，如图6-40、图6-41所示。

（9）在"设置消除锯齿的方法"的下拉列表中选择"浑厚"选项，消除文字锯齿效果，如图6-42、图6-43所示。

图6-40　设置英文字母

图6-41　全部为大写字母的效果

图6-42　选择"浑厚"选项

图6-43　消除"锯齿"的效果

在"设置消除锯齿的方法"下拉列表中包含5个选项，其他4个选项分别是"无"、"锐利"、"犀利"和"平滑"。每个选项只针对输入的整个文字起作用，不能对单个字符运用效果。

下面介绍"字符"调板中其他选项的含义。

· 水平缩放：用于设置文本的宽度，如图6-44、图6-45所示。

**离离原上草**

图6-44　水平缩放为100%

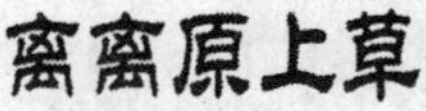

**离离原上草**

图6-45　水平缩放为70%

· 设置所选字符的比例间距：用于设置所选文字之间间距的比例。

· 设置两个字符间的微调间距：用于设置文字之间的间距。

· 设置基线偏移：用于设置文字上下偏移的参数，设置完毕后，可以使选中的字符相对于基线进行提升或下降，对比效果如图6-46、图6-47、图6-48所示。

**温暖的心**

图6-46　选择文字

**温暖的心**

图6-47　偏移为10

**温暖的心**

图6-48　偏移为−10

· 设置文本颜色：用于设置文字的颜色。

· 设置字体样式：在"字符"调板底部，字体样式包括仿粗体、仿斜体、全部大写字母、全部小写字母、上标、下标、下画线和删除线8种样式，图6-49至图6-52所示的图像分别为原图和应用上标、下画线和删除线后的效果。

H2　　　　H2　　　　H2　　　　H2

图6-49　原图　　　　图6-50　上标　　　　图6-51　下画线　　　　图6-52　删除线

用户在对应的文字工具选项栏中也可以对字体样式进行设置。选择不同的字体时，会在"设置字体样式"下拉列表中出现该文字的不同字体样式，例如选择Times New Roman字体时，"设置字体样式"下拉列表中就会包括4种该文字字体所对应的样式，如图6-53所示；选择不同样式时输入的文字样式会有所不同，如图6-54所示。

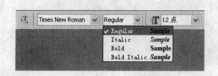

Winter　*Winter*
Rsgular样式　　　Italic样式
**Winter** ***Winter***
Blod样式　　　Blod Italic样式

图6-53　字体样式　　　　图6-54　Times New Roman字体的4种样式

2. 设置段落格式

（1）选中相应文本图层，单击"段落"调板中的"左对齐"按钮，调整文本左对齐，如图6-55、图6-56所示。

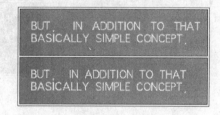

图6-55　"左对齐"按钮　　　　图6-56　设置段落文本左对齐

（2）参照图6-57所示，选中相应文本图层，单击"段落"调板中的"居中对齐文本"按钮，调整文本居中对齐，效果如图6-58所示。

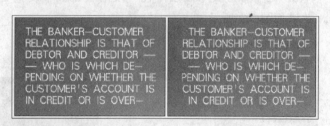

图6-57　"居中对齐"按钮　　　　图6-58　居中对齐文本

（3）选中相应文本图层，单击"段落"调板中的"右对齐"按钮，如图6-59所示调整文本右对齐，效果如图6-60所示。

（4）参照图6-61、图6-62所示，单击"段落"调板中的"最后一行左对齐"按钮，使段落文本左右对齐，而最后一行左对齐。

图6-59 "右对齐"按钮

图6-60 右对齐文本

图6-61 "最后一行左对齐"按钮

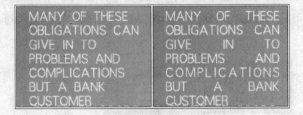

图6-62 最后一行左对齐

（5）选中相应文本图层，单击"段落"调板中的"最后一行居中对齐" ▇ 按钮，如图6-63所示使段落文本左右对齐，最后一行居中对齐，效果如图6-64所示。

图6-63 "最后一行居中对齐"按钮

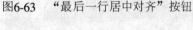

图6-64 最后一行居中对齐

提示 选项栏中的"左对齐文本" ▇ 按钮、"居中对齐文本" ▇ 按钮和"右对齐文本" ▇ 按钮也可以用来设置输入文字的对齐方式。

（6）选中相应文本图层，在"段落"调板中设置"左缩进"参数为32点，如图6-65所示，效果如图6-66所示。

图6-65 设置"左缩进"参数

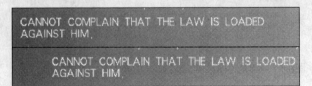

图6-66 缩进效果

（7）参照图6-67所示，选中相应文本图层，设置"首行缩进"参数为20点，即可缩进文本的第一行文字，效果如图6-68所示。

图6-67　设置"首行缩进"参数

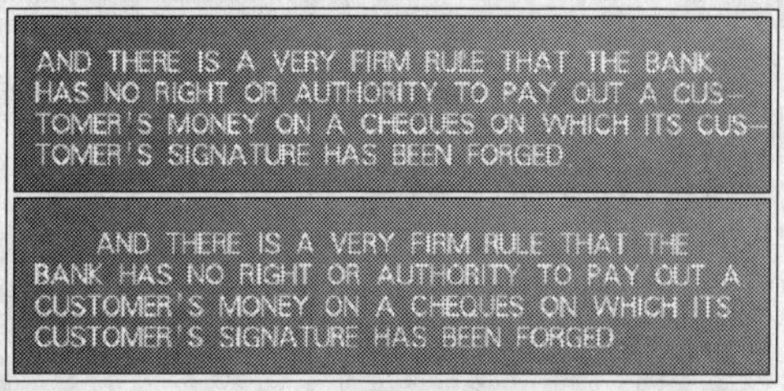

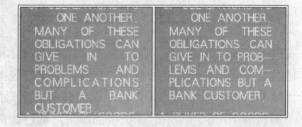

图6-68　首行缩进效果

（8）选中相应段落文本，在"段落"调板中勾选"连字"选项，可以使段落的最后一个单词分行显示，并添加连字符，如图6-69所示，效果如图6-70所示。

图6-69　"段落"调板

图6-70　添加连字符效果

（9）参照图6-71所示，选中相应段落文本，单击"右对齐文本"▤按钮，调整文本右对齐。

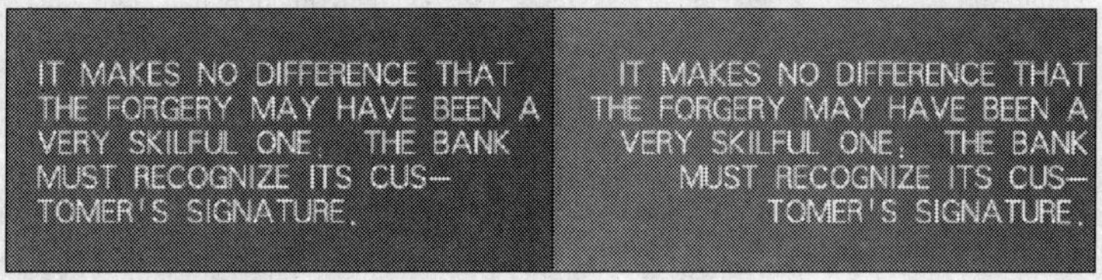

图6-71　右对齐文本

（10）选中所有文本图层，运用Ctrl+T组合键调整文本旋转一定角度，如图6-72所示。

图6-72　旋转文本

（11）参照图6-73所示，新建"图层 1"，使用"矩形选框"工具在视图中为文本绘制黑色衬底图像，效果如图6-74所示。

图6-73　"图层"调板

图6-74　添加黑底图像

## 6.4　实例：金鱼咬锦（更改文本方向）

在Photoshop CS4中可以创建横排文本和竖排文本两种文本，这两种文本可以相互转换，横排转换为竖排，竖排转换为横排。在将英文字符竖排排列时，英文字母为倾斜状态，通过执行"标准垂直罗马对齐方式"，可以旋转英文字母的角度。

下面将制作图6-75所示的金鱼咬锦图案，通过此例的制作，我们将为大家详细介绍横排文本和竖排文本相互转换的方法。

图6-75　完成效果

更改文本方向

（1）打开配套资料\Chapter-06\"金鱼跳水.psd"文件，如图6-76所示。

（2）参照图6-77所示，使用"横排文字"工具 T 在视图中输入文本"free breathing"。

图6-76　素材图像

图6-77　输入文本

（3）单击选项栏中"更改文本方向" ⫟ 按钮，即可更改文本的方向，如图6-78所示。

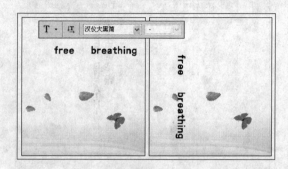

图6-78 更改文本方向

 单击"更改文本方向" ⫟ 按钮，可以使横排文本和竖排文本相互转换。

（4）单击"字符"调板右上角的 按钮，在弹出的快捷菜单中选择"标准垂直罗马对齐方式"命令，更改字母显示的方向，快捷菜单如图6-79所示，更改效果如图6-80所示。

图6-79 菜单

图6-80 更改字母方向

（5）参照图6-81所示，在"字符"调板中设置文本格式，效果如图6-82所示。

图6-81 "字符"调板

图6-82 设置文字格式

（6）使用"竖排文字"工具 T 在视图中输入文本"自由的呼吸"，如图6-83所示。

图6-83　创建竖排文字

## 6.5　实例：音乐会海报（沿路径绕排文字和变形文字）

在Photoshop CS4中，用户可以根据需要在路径上添加文字，并可以任意修改、变换其大小和颜色等；也可以通过文字变形对输入的文字进行更加艺术化的处理。下面将通过本节制作的音乐会海报，向大家讲解如何沿路径绕排文字以及变形文字，完成效果如图6-84所示。

### 1. 路径文字

（1）打开配套资料\Chapter-06\"吉他和音响.psd"文件，如图6-85所示。

图6-84　完成效果

图6-85　素材图像

（2）单击"路径"调板中的"创建新路径" 按钮，新建"路径 1"，使用"钢笔工具" 在视图中绘制路径，如图6-86所示。

（3）选择"横排文字"工具 T，移动鼠标到路径上，当鼠标变为 状态时单击鼠标，插入光标，即可输入文本，文本将会沿路径排列，效果如图6-87所示。

图6-86　绘制路径

（4）选择"路径选择"工具 ，移动鼠标到路径上，当鼠标变为 状态时单击并拖动，即可调整文本的方向，如图6-88所示。

（5）使用与步骤（2）～（4）相同的方法，继续在视图中添加沿路径绕排的文本，如图6-89、图6-90所示。

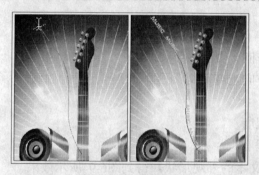

图6-87 输入文本

图6-88 调整文本方向

图6-89 "图层"调板

图6-90 添加文本

（6）选中所有沿路径绕排的文本图层，按快捷键Ctrl+G，将其编组。然后调整该组到"音响和吉他"图层下方，并设置混合模式为"叠加"选项，如图6-91所示，效果如图6-92所示。

图6-91 "图层"调板

图6-92 叠加的效果

## 2. 变形文字

（1）双击"音乐晚会"文本图层，将该文本选中。

（2）单击选项栏中的"创建文字变形" 按钮，打开"变形文字"对话框，参照图6-93所示在该对话框中设置参数。

对话框中各选项含义如下：

- 样式：用来设置文字变形的效果，在其下拉列表中可以选择相应的样式。
- 水平：选择该单选按钮，可以在水平方向上变形文字。
- 垂直：选择该单选按钮，可以在垂直方向上变形文字。
- 弯曲：设置变形样式的弯曲程度。
- 水平扭曲：设置在水平方向上的扭曲程度。
- 垂直扭曲：设置在垂直方向上的扭曲程度。

（3）单击"确定"按钮完成设置，调整文本的外观形状，得到图6-94所示效果。

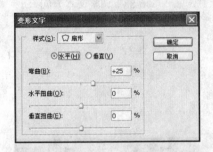

图6-93　"变形文字"对话框　　　　　　　　　图6-94　对文字进行变形

## 6.6　实例：图形化文字（将文字转换为轮廓）

通过"转换为形状"命令，用户可以将文字转换为轮廓，下面将通过制作如图6-95所示的图形化文字，向读者具体介绍文字转换为轮廓的操作方法。

图6-95　完成效果

（1）打开配套资料\Chapter-06\"图形背景.jpg"文件，如图6-96所示。

图6-96　素材图像

（2）使用"横排文字"工具 T 在视图中输入文本"TRIANGLE"，并设置文本格式，得到图6-97所示效果。

图6-97 添加文字

（3）在"TRIANGLE"文本图层右侧空白处右击，在弹出的快捷菜单中选择"转换为形状"命令，将文字转换为形状图形，"图层"调板中的状态如图6-98所示，转换效果如图6-99所示。

图6-98 "图层"调板

图6-99 将文字转换为形状

（4）使用"直接选择"工具 调整图形形状，得到图6-100所示效果。

（5）单击"图层"调板底部的"添加图层样式" fx. 按钮，在弹出的快捷菜单中选择"投影"命令，打开"图层样式"对话框，如图6-101所示设置参数，单击"确定"按钮完成设置，为图形添加投影效果。

图6-100 调整图形形状

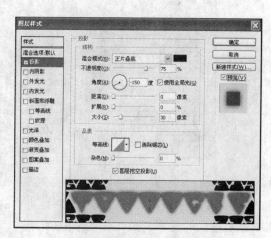

图6-101 设置"投影"参数

（6）双击"TRIANGLE"图层缩览图，在打开的"拾色器"对话框中设置颜色为黄色（C：5、M：18、Y：88、K：0），单击"确定"按钮完成设置，得到如图6-102所示的效果。

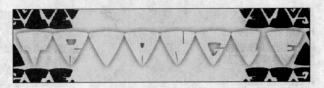

图6-102　设置图形颜色

## 6.7　实例：化妆品杂志（对文字的其他编辑）

图6-103　完成效果

编辑文字的过程中，还可以使用一些其他命令，例如"查找与替换"命令、"拼写与检查"命令、"栅格化文字"命令以及文字首选项设置等。通过学习这些命令及选项，读者可以对文字设置有更深的了解。

下面将通过制作图6-103所示的化妆品杂志，向大家详细讲解如何对文字进行更为完善的编辑。

### 1. 查找和替换文本

（1）打开配套资料\Chapter-06\"文本信息.psd"文件，如图6-104所示。

（2）选择"编辑"|"查找和替换文本"命令，打开"查找和替换文本"对话框，在"查找内容"文本框中输入需要要查找的文本，并在"更改为"文本框中输入需要更改的内容，如图6-105所示。

图6-104　素材图像

图6-105　"查找和替换文本"对话框

（3）单击"查找和替换文本"对话框中的"查找下一个"按钮，如图6-106所示，即可选中需要查找的文本，效果如图6-107所示。

（4）单击"查找和替换文本"对话框中的"更改"按钮，如图6-108所示，即可将选中的文本更改为"半年"，效果如图6-109所示。

（5）单击"查找和替换文本"对话框中的"更改全部"按钮，将需要更改的文本全部更改，同时会弹出一个图6-110所示的提示框，单击"确定"按钮，关闭对话框。

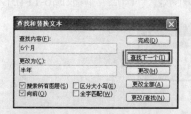

图6-106　单击"查找下一个"按钮

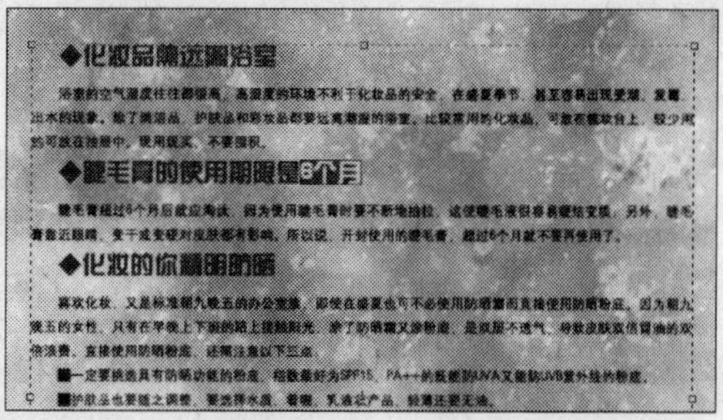

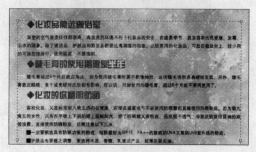

图6-107　查找文本

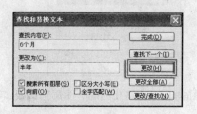

图6-108　单击"更改"按钮

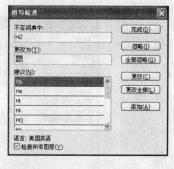

图6-109　替换文本

### 2. 拼写与检查

　　Photoshop与文字字处理软件Word一样具有拼写检查的功能。该功能有助于在编辑大量文本时，对文本进行拼写检查。具体操作时，首先选择文本，然后选择"编辑"|"拼写检查"命令，就可以在弹出的对话框中进行设置，如图6-111所示。

图6-110　提示框

图6-111　"拼写检查"对话框

　　Photoshop一旦检查到文档中有错误的单词，就会在"不在词典中"文本框中显示出来，并在"更改为"文本框中显示建议替换的正确单词。

　　在"建议"列表框中会显示一系列与此单词拼写相似的单词，以便选择替换。如果认为"更改为"文本框中的单词正确，那么单击"更改"按钮就可以替换错误的单词，Photoshop会继续查找错误的单词。如果认为检查出来的单词没有错误，则可以单击"忽略"按钮，完成拼写检查后，单击"完成"按钮即可。

### 3. 栅格化文字

　　在对文字执行滤镜或剪切操作时，Photoshop会弹出一个警告对话框，如图6-112所示，它提示文字必须栅格化才能继续编辑。此时，单击"确定"按钮即可栅格化文字。栅格化的文字在"图层"面板中以普通图层的方式显示。对于栅格后的文字，用户可以对其进行再编辑，从而使文字呈现出更多丰富的变化，效果如图6-113所示，"图层"调板图6-114所示。

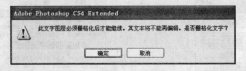

图6-112　警告对话框

图6-113　栅格化文字效果

图6-114　栅格化后的"图层"调板

 栅格后的文字不能够使用文本工具再次更改，因此，对于一些重要的文字内容，在栅格化之前建议用户先复制一份以备后用。

4. 文字首选项设置

在"首选项"对话框中，可以设置文字显示的方式，而且还可以设置字体预览大小，如图6-115所示。

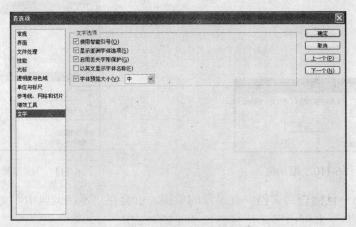

图6-115　"首选项"对话框

- 使用智能引号：勾选该复选框，输入文本时使用弯曲的引号代替直引号。
- 显示亚洲字体选项：勾选该复选框，可以在字体下拉列表中显示中文、日文和韩文的字体选项。
- 启用丢失字形保护：勾选该复选框，可以自动替换丢失的字体。
- 以英文显示字体名称：勾选该复选框，在字体下拉列表中显示的字体全部用英文来代替，对比效果如图6-116、图6-117所示。

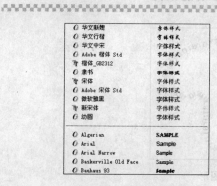

图6-116 不勾选复选框

图6-117 勾选复选框后

· 字体预览大小：用来设置字体下拉列表中字体显示的大小，其中包括小、中、大、特大和超大5种。

## 课后练习

### 1. 简答题

（1）如何在文档中输入竖排文字？

（2）如何直接创建文字的选区？

（3）如何完整地将段落文本转换为文字？

（4）要想对文本执行滤镜效果，必须对文本执行什么操作？

（5）沿路径输入文字后，怎样调整文字的位置和形状？

（6）如何创建区域文字？

### 2. 操作题

（1）创建竖排诗词，效果如图6-118所示。

图6-118 竖排诗词效果

要求：

①具备一幅具有一定意境的图像。

②使用"直排文字"工具 IT 创建垂直文本，内容为诗词，诗词内容自定。

③利用"字符"调板调整文字的颜色以及相关属性。

（2）创建文字图形，效果如图6-119所示。

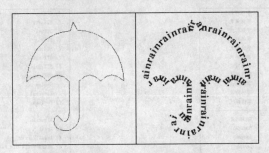

图6-119    以文字构成的图形

要求：

①使用"钢笔"工具 ⬙ 或"自定形状"工具 ⬙ 创建路径。

②使用"横排文字"工具 T 在路径上输入文字，以构成图形。

# 第7课

# 图 层

**本课知识结构**

　　利用图层来管理和编辑图像，是Photoshop的基本功能。通过建立图层，然后在各个图层中分别编辑图像中的各个元素，可以产生富有层次并彼此关联的整体图像效果，从而制作出充满创意的平面设计作品。图像的所有编辑操作几乎都依赖于图层，所以对于编辑图像来说，图层是必不可少的。

　　本课将对图层的一些概念、基本操作进行深入浅出的讲解，希望读者通过本课的学习，可以快速并全面掌握关于图层的相关操作，以便将来学以致用。

**就业达标要求**

　　☆ 掌握如何显示、选择、链接和排列图层　　　☆ 掌握如何使用调整图层

　　☆ 掌握如何新建、复制、合并和删除图层　　　☆ 掌握如何对齐和分布图层

　　☆ 掌握如何盖印图层　　　　　　　　　　　☆ 应用智能对象

　　☆ 了解图层组的应用　　　　　　　　　　　☆ 认识内容识别比例

## 7.1　实例：旅游广告（显示、选择、链接和排列图层）

　　在Photoshop CS4中，图层的一些基本操作包括图层的显示、选择、链接和排列。下面将通过本节制作的旅游广告向大家讲解如何实现这些操作，完成效果如图7-1所示。

图7-1　完成效果

1．显示图层

　　（1）执行"文件" | "打开"命令，打开本书配套资料\Chapter-07\"旅游.psd"文件，如图7-2所示。

（2）选择"窗口"|"图层"命令，打开"图层"调板，如图7-3所示。

图7-2　素材图像　　　　　　　　　　　图7-3　"图层"调板

（3）单击"图层"调板内"图层3"缩览图左侧的空白处，如图7-4所示，显示出眼睛图标，显示被隐藏的图层效果如图7-5所示。

图7-4　显示图像　　　　　　　　　　　图7-5　显示图像效果

### 2. 选择图层

单击"锡杖"文本图层，当图层显示为蓝色时，表示该图层为选择状态，如图7-6所示。然后使用"移动"工具调整"锡杖"文本位置，得到图7-7所示效果。

图7-6　选择图层　　　　　　　　　　　图7-7　调整图像位置

使用"移动"工具▶✦在其选项栏中设置"自动选择图层"功能后，在图像上单击，即可将该图像对应的图层选取。

### 3. 链接图层

（1）按住键盘上的Shift键单击"超自然景致······"文本图层，即可选择多个连续的图层，如图7-8所示。

（2）选择"图层"I"链接图层"命令，即可将选中的图层链接，如图7-9所示。

图7-8 选择多个连续的图层

图7-9 链接图层

提示 按下键盘上的Ctrl键的同时在"图层"调板中单击不连续的图层，可添加或取消图层的选择状态，如图7-10所示。

（3）使用"移动"工具调整文本位置，相互链接的图层将会同时被移动，如图7-11所示。

图7-10 选择多个不连续图层

图7-11 调整文本位置

（4）选择"云湖天坛"文本图层，如图7-12所示，单击"图层"调板底部的"链接图层"按钮，取消该图层的链接，如图7-13所示。

（5）使用"移动"工具调整文本位置，得到如图7-14所示效果。

图7-12　选择文本图层

图7-13　取消链接

图7-14　调整文本位置

## 4. 排列图层

（1）在"图层"面板中选中"图层 1"，如图7-15所示，显示出来的图像效果如图7-16所示。

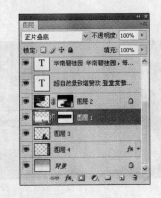

图7-15　选择图层

图7-16　图像效果

（2）选择"图层"I"排列"I"后移一层"命令，将该图层后移一层，"图层"调板如图7-17所示，调整后的效果如图7-18所示。

（3）选中"图层 4"，并拖动"图层 4"到"图层 2"上方的位置，如图7-19所示，释放鼠标后，该图层调整到了"图层 2"上方，如图7-20所示。调整图层的图层顺序后效果如图7-21所示。

图7-17 后移"图层 1"

图7-18 所得效果

图7-19 移动图层

图7-20 调整图层位置

选择"图层"|"排列"命令，会弹出其下一级的子菜单，其中除了上述操作中提到的"后移一层"命令外，还包括其他一系列的关于调整图层间顺序的命令，如图7-22所示。

图7-21 调整图层位置的效果

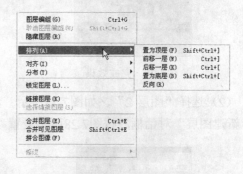

图7-22 "排列"命令的子菜单

- 置为顶层：选择该命令，或按下**Ctrl+Shift+]**快捷键，可将当前所选图层移至所有图层的上方，成为最顶层。
- 前移一层：选择该命令，或按下**Ctrl+]**快捷键，可将当前选择图层上移一层。
- 置为底层：选择该命令，或按下**Ctrl+Shift+[**快捷键，可以将当前所选图层移至所有图层的下方，成为底层。
- 反向：在选择多个图层的前提下，选择该命令，可以逆序排列所选图层，如图7-23、图7-24所示。

图7-23　选中图层

图7-24　反向排列图层

## 7.2　实例：仿古效果（新建、复制、合并和删除图层）

在图层的基本编辑操作中，还包括新建、复制、合并和删除操作。下面将通过制作图7-25所示的仿古效果图像，向大家讲解具体操作方法。

### 1. 新建图层

（1）打开配套资料\Chapter-07\"古建筑.psd"文件，如图7-26所示。

图7-25　完成效果

图7-26　素材图像

（2）选择"图层2"，如图7-27所示。然后选择"图层"|"新建"|"图层"命令，打开"新建图层"对话框，按图7-28所示设置参数。

图7-27　选择"图层2"

图7-28　"新建图层"对话框

"新建图层"对话框中各选项的含义如下：

• 名称：用来设置新建图层的名称。

- 使用前一图层创建剪贴蒙版：新建的图层将会与它下面的图层创建剪贴蒙版。
- 颜色：用来设置新建图层在调板中显示的颜色，在下拉列表中选择"紫色"，效果如图7-29所示。
- 模式：用来设置新建图层与下面图层的混合效果。
- 不透明度：用于设置新建图层的透明程度。
- 正常模式不存在中性色：该复选框只有在选择除"正常"以外的模式时才会被激活，并以该模式的50%灰色填充图层，如图7-30、图7-31所示。

图7-29 图层显示颜色的效果

图7-30 选择一种模式

（3）完成设置后，单击"确定"按钮，关闭对话框，新建"图层8"，如图7-32所示。

图7-31 以50%中性灰色填充图层

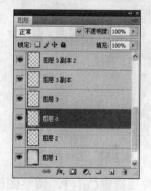

图7-32 新建图层

 提示　单击"图层"调板底部的"创建新图层" 按钮，即可创建新图层。

（4）按住键盘上的Ctrl键单击"图层5副本2"图层缩览图，将其载入选区，如图7-33所示。

（5）选择"选择"|"变换选区"命令，调整选区位置，并为选区填充深灰色（C：55、M：57、Y：73、K：6），得到图7-34所示效果。

图7-33 载入选区

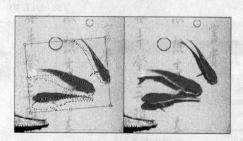

图7-34 为选区填充颜色

（6）按住键盘上的Ctrl键单击"创建新图层" ⤵ 按钮，在"图层8"下方位置新建"图层9"，如图7-35、图7-36所示。

图7-35　"图层"调板

图7-36　新建图层

### 2. 复制图层

（1）选择"图层7"，拖动该图层到"创建新图层" ⤵ 按钮处，释放鼠标后，复制图层得到"图层7 副本"，如图7-37、图7-38所示。

图7-37　选择图层

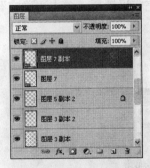

图7-38　复制图层

（2）按快捷键Ctrl+T，调整图像位置，得到图7-39所示效果。

图7-39　调整图像

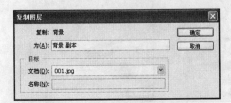

图7-40　"复制图层"对话框

 复制图层除了可以直接在"图层"调板中进行操作外，还可以通过"图层"菜单完成，选择"图层"|"复制图层"命令，可打开如图7-40所示的"复制图层"对话框。

对话框中的各选项含义如下:
- 复制:被复制的图像源。
- 为:副本的图层名称。
- 文档:默认情况下显示当前打开文件的名称,在下拉列表中选择"新建"时,被复制的图层会自动创建一个该图层所针对的文件。
- 名称:在"文档"下拉列表中选择"新建"时,该位置才会被激活,用来设置新建文件的名称。

**3. 合并图层**

(1)选择"图层 2",如图7-41所示,然后选择"图层"|"向下合并"命令,将"图层 2"和其下方的"图层 1"合并,如图7-42所示。

图7-41 选择图层

图7-42 合并图层

(2)参照图7-43所示,配合键盘上Shift键选择"图层 3"、"图层 3 副本"和"图层 3 副本 2"3个图层,然后选择"图层"|"合并图层"命令,将选择的图层合并,如图7-44所示。

图7-43 选择3个图层

图7-44 合并3个图层

(3)参照图7-45所示,调整图像位置。

在"图层"菜单中还有一些用于合并图层的命令,例如"合并可见图层"和"拼合图像",如图7-46所示。

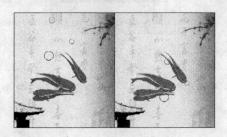
图7-45 调整图像位置

图7-46 "图层"菜单

- 合并可见图层："合并可见图层"命令可以将"图层"调板中显示的图层合并为一个单一图层，隐藏图层不会被合并，操作过程如图7-47、图7-48所示。

图7-47　选择图层

图7-48　合并可见图层

- 拼合图像："拼合图像"命令可以将多层图像以可见图层的模式合并为一个图层，被隐藏的图层将会被删除，选择该命令后，可弹出如图7-49所示的警告对话框，单击"确定"按钮，即可完成拼合。

**4. 删除图层**

（1）选择"图层9"，如图7-50所示，单击"图层"调板底部的"删除图层" 🗑 按钮，这时会弹出一个如图7-51所示的提示框。

图7-50　选择"图层9"

图7-49　警告对话框

（2）单击"是"按钮，即可将该图层删除，如图7-52所示。

图7-52　删除图像

图7-51　提示框

当"图层"调板中存在隐藏图层时，选择"图层"|"删除"|"隐藏图层"命令，即可将隐藏的图层删除。

## 7.3　实例：彩色铅笔（对齐和分布图层）

　　如果需要完全对齐几个图层中的对象，或将几个图层中的对象平均分布，可以单击"移动"工具 选项栏中的相应按钮进行对齐和分布操作，或者使用"图层"菜单中的"对齐"和"分布"命令来实现操作。下面将通过制作如图7-53所示的彩色铅笔图像，向读者讲解如何实现对齐和分布图层。

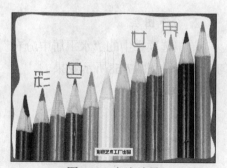

图7-53　完成效果

### 1. 对齐图层

　　（1）打开配套资料\Chapter-07\"凌乱的铅笔.psd"文件，如图7-54所示。

　　（2）配合键盘上Shift键选择多个连续的图层，如图7-55所示。

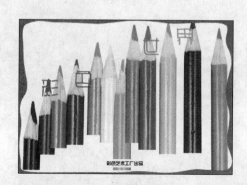

图7-54　素材图像

图7-55　选择多个图层

　　（3）选择"移动"工具 ，在选项栏中单击"底对齐" 按钮，使选择的图层底对齐，如图7-56所示。

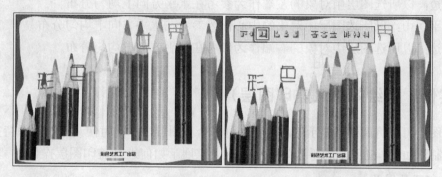

图7-56　使图像底对齐

选择两个或两个以上的图层，然后选择"图层"|"对齐"命令，会弹出图7-57所示的子菜单，其中列出了全部的对齐方式。

### 2. 分布图层

单击选项栏中的"水平居中分布" 按钮，以选择的图层中心作为参考在水平方向上均匀分布，得到图7-58所示效果。

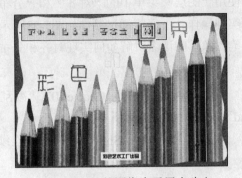

图7-57　"对齐"命令子菜单　　　　　　图7-58　调整图像水平居中分布

选择3个或3个以上的图层，然后选择"图层"|"分布"命令，会弹出如图7-59所示的子菜单，其中列出了全部的分布方式。

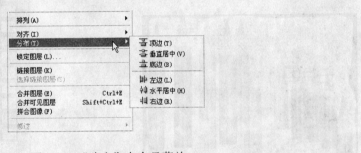

图7-59　"分布"命令子菜单

- 顶边：以所选图层中对象的顶端作为参考在垂直方向上均匀分布。
- 垂直居中：以所选图层中对象的中心作为参考在垂直方向上均匀分布。
- 底边：以所选图层中对象的底边作为参考在垂直方向上均匀分布。
- 左边：以所选图层中对象的左端作为参考在水平方向上均匀分布。
- 水平居中：以所选图层中对象的中心作为参考在水平方向上均匀分布。
- 右边：以所选图层中对象的右端作为参考在水平方向上均匀分布。

## 7.4　实例：手绘效果（盖印图层）

盖印图层可以将调板中显示的图层合并到一个新图层中，同时使其他图层保持完好。下面将通过制作如图7-60所示的手绘效果图像向大家展示如何进行盖印图层操作。

### 1. 盖印可见图层

（1）打开配套资料\Chapter-07\"图片窗.psd"文件，如图7-61所示。

图7-60 完成效果

图7-61 素材图像

（2）选择"组 1"图层组，按快捷键Ctrl+Alt+Shift+E，即可将文档中可见图层复制并合并到一个新建的图层中，操作过程如图7-62、图7-63所示。

图7-62 选择图层组

图7-63 盖印可见图层

（3）选择"滤镜"|"风格化"|"查找边缘"命令，为图像添加滤镜效果，如图7-64所示。

图7-64 添加"查找边缘"滤镜后的效果

（4）参照图7-65所示，设置"图层 5"的混合模式为"变暗"项，得到如图7-66所示效果。

2. 盖印图层

（1）选择"图层 1"和"图层 2"，按快捷键Ctrl+Alt+E，即可将选择的图层复制并合并到一个新建的图层中，操作过程如图7-67、图7-68所示。

（2）选择"滤镜"|"杂色"|"添加杂色"命令，打开"添加杂色"对话框，参照图7-69所示设置参数，单击"确定"按钮完成设置，得到图7-70所示效果。

（3）为"图层 2（合并）"设置混合模式为"颜色加深"选项，如图7-71所示，效果如图7-72所示。

图7-65　设置"混合模式"项

图7-66　"变暗"效果

图7-67　选择图层

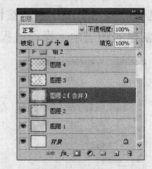

图7-68　盖印图层

图7-69　"添加杂色"对话框

图7-70　得到的效果

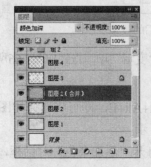

图7-71　设置"颜色加深"模式

图7-72　混合模式设置的效果

## 7.5 实例：书籍插画（应用图层组）

图层组与图层间的关系是包含与被包含的关系，将图层放在图层组中可以便于进行图层管理，图层组中的图层可以被统一移动或变换，也可以单独进行编辑。如果在"图层"调板中存在大量图层，图层组就会显得非常重要。下面将通过制作书籍插画效果向大家讲解如何应用图层组，完成效果如图7-73所示。

图7-73 完成效果

**1. 从图层创建组**

（1）打开配套资料\Chapter-07\"化学用品.psd"文件，如图7-74所示。

（2）参照图7-75所示，选择多个图层，然后选择"图层"|"图层编组"命令，将选择的图层组合为一组，如图7-76所示。

图7-74 素材图像

图7-75 选择图层

（3）参照图7-77所示，使用"移动"工具 ►+ 调整图像位置。

（4）如图7-78所示，选择"图层1"和"图层2"两个图层。再选择"图层"|"新建"|"从图层新建组"命令，打开"从图层新建组"对话框，如图7-79所示。

（5）单击"确定"按钮，关闭对话框，将选择的图层编组，如图7-80所示。

（6）如图7-81所示，选择"图层9"和"图层10"，按快捷键Ctrl+G，将选择的图层编组，效果如图7-82所示。

图7-76 图层编组

图7-77 调整图像位置

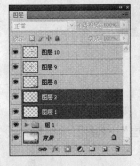

图7-78 选择图层

图7-79 "从图层新建组"对话框

图7-80 将图层编组

图7-81 选择"图层9"和"图层10"

（7）参照图7-83所示，调整图像位置。

图7-82 将两个图层编组

图7-83 调整图像位置

2. 创建图层组

（1）选择"图层"｜"新建"｜"组"命令，打开"新建组"对话框，如图7-84所示，单击"确定"按钮，关闭对话框，新建"组 4"图层组，如图7-85所示。

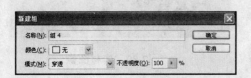 

图7-84 "新建组"对话框　　　　　　　　　图7-85 创建新组

 单击"图层"调板底部的"创建新组" 按钮，即可创建图层组。

（2）单击"创建新图层" 按钮，新建"图层 17"，创建的新图层在"组 4"图层组中，如图7-86所示。使用"椭圆选框"工具 在视图中绘制蓝色（C：65、M：16、Y：20、K：0）圆圈，得到图7-87所示的效果。

图7-86 创建新图层　　　　　　　　　　　图7-87 绘制图像

## 7.6 实例：富贵牡丹（使用调整图层）

使用"新建调整图层"命令可以对图像的颜色或色调进行调整，与"图像"菜单中的"调整"命令不同的是，它不会更改原图像中的像素，并且可以随时更改颜色设置。在"新建调整图层"子菜单中包括"亮度/对比度"、"色阶"、"曲线"、"色相/饱和度"等命令，所有的修改都在新增的"调整"调板中进行。制作完成的富贵牡丹效果如图7-88所示。

1. 创建调整图层

（1）打开配套资料\Chapter-07\"牡丹.psd"文件，如图7-89所示。

（2）选择"背景"图层，如图7-90所示。然后选择"图层"｜"新建调整图层"｜"色相/饱和度"命令，打开"新建图层"对话框，如图7-91所示。

（3）单击"确定"按钮，关闭对话框，创建"色相/饱和度 1"调整图层，如图7-92所示。这时"调整"调板为打开状态，如图7-93所示。

图7-88　完成效果

图7-89　素材图像

图7-90　选择图层

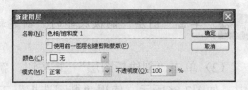

图7-91　"新建图层"对话框

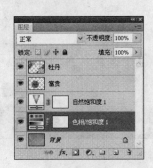

图7-92　"色相/饱和度"图层

图7-93　"调整"调板

（4）参照图7-94所示，设置调板参数，调整图像颜色，得到图7-95所示效果。

图7-94　设置"调板"中的参数

图7-95　调整图像颜色的效果

（5）选择"富贵"图层，如图7-96所示，按住键盘上的Ctrl键单击该图层缩览图，将其载入选区，如图7-97所示。

图7-96 选择图层

图7-97 载入选区

（6）单击"调整"调板中的"创建新的通道混合器调整图层" 按钮，新建"通道混合器 1"调整图层，这时"调整"调板为打开状态，操作过程中的状态如图7-98至图7-100所示。

图7-98 "调整"调板中的按钮

图7-99 创建调整图层

图7-100 "通道混合器"
状态下的调板

（7）参照图7-101～图7-103所示，在"通道混和器"调板中分别为各通道设置参数。

图7-101 设置"红"通道参数

图7-102 设置"绿"通道参数

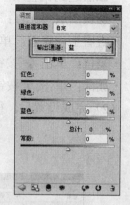

图7-103 设置"蓝"通道参数

（8）完成设置后，得到如图7-104所示效果。

2. 编辑调整图层

（1）双击"自然饱和度 1"图层缩览图，打开"调整"调板，即可设置调板参数，如图7-105、图7-106所示。

图7-104　调整图像的效果

图7-105　"自然饱和度"调整调板

图7-106　设置调板中的参数

"调整"调板底部按钮含义如下：

· 返回到调整列表：单击 按钮，可以转换到打开"调整"图层时的默认状态。

· 将面板切换到展开的视图：单击 按钮，可以将调板在展开与收缩之间转换。

· 剪贴图层：创建的调整图层对下面的所有图层都起作用，单击 按钮，可以只对当前图层起到调整效果，如图7-107所示。

· 切换图层可见性：单击 按钮，可以将当前调整图层在显示与隐藏状态之间转换。

· 查看上一状态：单击 按钮，可以看到上一次调整的效果。

· 复位：单击 按钮，可以恢复到调板的最初打开状态。

· 删除：单击 按钮，可以将当前调整图层删除。

（2）完成设置后，得到图7-108所示效果。

图7-107　剪贴调整

图7-108　设置自然饱和度后的效果

### 3. 合并调整图层

如图7-109所示，选择"背景"、"色相/饱和度 1"和"自然饱和度 1"3个图层，按快捷键**Ctrl+E**合并图层，结果如图7-110所示。

图7-109  选择图层

图7-110  合并调整图层

 在合并调整图层时，不可以只合并调整图层，这样会使调整的效果丢失。

## 7.7  实例：PS插画（应用智能对象）

智能对象是包含栅格或矢量图像中的图像数据的图层。智能对象将保留图像的原内容及其所有原始特性，从而能够对图层进行非破坏性编辑。

下面将制作图7-111所示的PS插画效果，通过此例我们将向大家介绍如何在实际操作中应用智能对象。

### 1. 创建智能对象

（1）打开配套资料\Chapter-07\"蓝色马赛克.jpg"文件，如图7-112所示。

图7-111  完成效果

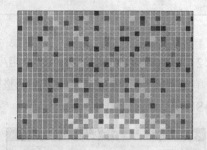

图7-112  素材图像

（2）选择"文件"|"打开为智能对象"命令，打开配套资料\Chapter-07\"橙色的花.psd"文件，如图7-113所示。观察"图层"调板，若在"橙色的花"图层缩览图中出现图标，表示该图层为智能对象，如图7-114所示。

（3）参照图7-115、图7-116所示，复制多个"橙色的花"图像到"蓝色马赛克.psd"文档中，并调整图像大小与位置。

### 2. 编辑智能对象

（1）选择"图层"|"智能对象"|"编辑内容"命令，这时会弹出图7-117所示的提示框，单击"确定"按钮，打开"橙色的花.jpg"源文档，如图7-118所示。

图7-113　素材图像

图7-114　"图层"调板

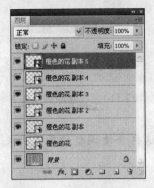

图7-115　复制智能对象

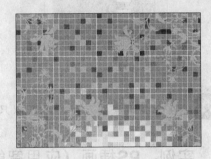

图7-116　调整复制的图像

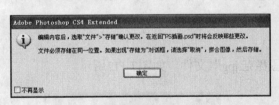

图7-117　提示框

图7-118　打开源文件

（2）按快捷键Ctrl+U，打开"色相/饱和度"对话框，参照图7-119所示设置对话框中的参数，单击"确定"按钮完成设置，调整图像颜色为白色，效果如图7-120所示，然后按快捷键Ctrl+S将其保存。

图7-119　"色相/饱和度"对话框

图7-120　调整图像颜色

（3）切换到"蓝色马赛克.psd"文档中，观察视图，可以发现智能对象的所有图像都发生了变化，具体情况如图7-121、图7-122所示。

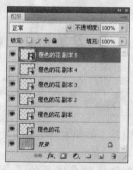

图7-121 "图层"调板

图7-122 智能对象颜色也发生改变

### 3. 栅格化智能对象

（1）选择"图层"|"智能对象"|"栅格化"命令，将智能对象转换为普通图层，操作细节如图7-123、图7-124所示。

图7-123 选择图层

图7-124 栅格化图层

（2）参照图7-125所示，使用键盘上的Shift键配合鼠标选择多个图层，按快捷键Ctrl+E合并图层，即可将智能对象转换为普通图层，如图7-126所示。

图7-125 选择多个图层

图7-126 转换为普通图层

（3）打开配套资料\Chapter-07\"PS文字.psd"文件，如图7-127所示。

（4）使用"移动"工具 拖动素材图像到正在编辑的文档中，调整图像位置，得到图7-128所示效果。

图7-127　素材图像　　　　　　　　　　图7-128　添加素材图像的效果

 智能对象可以进行缩放、旋转、变形；也可以更改智能对象图层的混合模式、不透明度并且可以添加图层样式；智能对象不能进行扭曲、透视等操作，不能直接对智能对象使用颜色调整命令，只能使用调整图层进行调整。

**4. 导出和替换智能对象**

选择"图层"|"智能"|"导出内容"命令，可以将智能对象的内容按照原样导出到任意驱动器中，智能对象将采用PSB或PDF格式储存。

选择"图层"|"智能"|"替换内容"命令，可以用重新选取的图像来替换掉当前文件中的智能对象内容，操作过程如图7-129至图7-132所示。

图7-129　原图

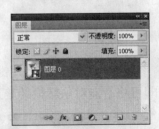

图7-130　原"图层"调板

图7-131　替换内容

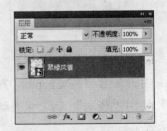

图7-132　替换后的"图层"调板

## 7.8 实例：汽车图像（内容识别比例）

通过"编辑"菜单中的"内容识别比例"命令，可以在调整图像大小时自动重排图像，在将图像调整为新尺寸时智能保留重要区域，从而可以方便快捷地制作出完美图像，不必再进行高强度的裁剪与修饰。

下面将通过制作图7-133所示的汽车图像向大家讲解如何对图像进行内容识别比例缩放。

图7-133 完成效果

内容识别比例

（1）打开配套资料\Chapter-07\"竹林.jpg"文件，如图7-134所示。复制"背景"图层得到"背景 副本"，如图7-135所示。

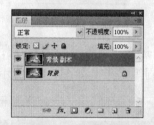

图7-134 素材图像

图7-135 复制图像

（2）按快捷键Ctrl+Alt+C，打开"画布大小"对话框，参照图7-136所示设置对话框中的参数，单击"确定"按钮完成设置，调整画布大小，得到图7-137所示效果。

图7-136 "画布大小"对话框

图7-137 设置后的效果

（3）使用"钢笔"工具 依照汽车边缘绘制路径，并按快捷键Ctrl+Enter，将路径转换为选区，如图7-138所示。

图7-138　依照汽车边缘绘制路径

（4）单击"通道"调板底部的"创建新通道" 按钮，新建"Alpha 1"通道，并为选区填充白色，如图7-139、图7-140所示。

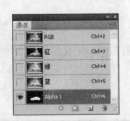

图7-139　"通道"调板

图7-140　设置选区颜色

（5）选择"背景 副本"图层，再选择"编辑"|"内容识别比例"命令，使图像调整为与视图同等大小，如图7-141所示。

图7-141　调整图像大小

（6）参照图7-142所示，在选项栏中的"保护"下拉列表中选择"Alpha 1"，设置保护的图像，并设置"数量"参数为90%，调整图像保护的比例，按键盘上Enter键完成设置。

图7-142　设置保护的图像

## 课后练习

### 1. 简答题

（1）如何设置图层的颜色？

（2）要想在对图像变形的过程不破坏源文件，最好的方法是什么？

（3）向下合并图层的快捷键是什么？

（4）使用图层样式可以制作哪些图像效果？

（5）图层混合模式有哪些？

（6）如何运用调整图层？

### 2. 操作题

（1）制作瓷砖墙体效果，效果如图7-143所示。

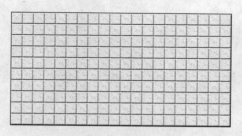

图7-143　瓷砖墙体效果

要求：

①新建20像素×20像素大小的RGB文件。

②新建图层，为其填充浅绿色（C：24、M：0、Y：40、K：0）。

③添加"斜面和浮雕"图层样式，"大小"参数为2像素，然后添加杂色。

④定义图案。

⑤新建400像素×200像素大小的RGB文件，通过"编辑"|"填充"命令填充图案。

（2）调整灰暗图像使其颜色变亮，效果如图7-144所示。

图7-144　调整图像

要求：

①具备一幅色调较暗的图像。

②在"图层"调板中复制图像。

③调整副本图像的图层混合模式为"滤色"即可制作出相应的效果。

# 第8课

# 蒙版和通道

## 本课知识结构

Photoshop中的蒙版和通道是两个高级编辑功能，要想完全掌握Photoshop CS4，必须熟悉通道与蒙版的使用方法。蒙版用来保护被遮蔽的区域，具有高级选择功能，同时也能够对图像的局部进行颜色调整，同时使图像的其他部分不受影响。通道是存储不同类型信息的灰度图像，对我们编辑的每一幅图像都有着巨大的影响，是Photoshop必不可少的一种工具。

本课将围绕蒙版和通道展开一系列的讲解，希望读者通过本课的学习，可以对通道与蒙版的概念有一个清晰的认识，轻松掌握通道与蒙版的操作方法与技巧。

## 就业达标要求

☆ 掌握如何使用图层蒙版　　　　　　　　☆ 掌握如何创建矢量蒙版

☆ 掌握如何创建剪贴蒙版　　　　　　　　☆ 掌握如何运用通道

☆ 了解快速蒙版

## 8.1　实例：识字卡（使用图层蒙版）

图层蒙版用来显示或者隐藏图层的部分内容，也可以保护图像的部分区域不被更改。图层蒙版是一张包含256级色阶的灰度图像，蒙版中的纯黑色区域可以遮罩当前图层中的图像，从而显示出下方图层中的内容，因此黑色区域将被隐藏，蒙版中的纯白色区域可以显示当前图层中的图像，因此白色区域可见；而蒙版中的灰色区域会根据其灰度值呈现出不同层次的半透明效果。

下面将制作图8-1所示的识字卡，通过此例将向大家讲解图层蒙版的具体使用方法。

1. 添加和编辑图层蒙版

（1）选择"文件" | "打开"命令，打开本书配套资料\Chapter-08\"感鹤.psd"文件，如图8-2所示。

（2）选择"图层 7"，单击"图层"调板底部的"添加图层蒙版" 按钮，即可为该图层添加图层蒙版，方法如图8-3、图8-4所示。

选择"图层" | "图层蒙版" | "显示全部"命令，也可以为当前图层添加蒙版，此时蒙版为透明效果，其中上层图像如图8-5所示，添加蒙版后"图层"面板如图8-6所示；选择"图层" | "图层蒙版" | "隐藏全部"命令，或按住Alt键单击"添加图层蒙版" 按钮，当前图层上会出现一个黑色的图层蒙版缩览图，此

时蒙版为不透明效果，选择的图像如图8-7所示，添加蒙版后的"图层"调板如图8-8所示。

图8-1　完成效果

图8-2　素材图像

图8-3　选择图层

图8-4　添加图层蒙版

图8-5　上层图像

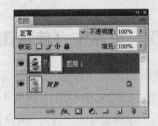

图8-6　添加透明蒙版

（3）参照图8-9所示，使用"矩形选框"工具▣在视图中绘制选区。

图8-7　背景图像

图8-8　添加不透明蒙版
的"图层"调板

图8-9　绘制矩形选区

（4）接下来为选区填充黑色，将选区内的图像隐藏，"图层"调板此时如图8-10，应用蒙版后的效果如图8-11所示。

图8-10 "图层"调板

图8-11 应用图层蒙版效果

 当图层中存在选区时，选择"图层"|"图层蒙版"|"显示选区"命令，或在"图层"调板中单击 按钮，选区内的图像会显示出来，选区外的图像会被隐藏，操作过程如图8-12～图8-14所示；选择"图层"|"图层蒙版"|"隐藏选区"命令，或在"图层"调板中按住Alt键单击"添加图层蒙版" 按钮，选区内的图像会被隐藏，"图层"调板如图8-15所示。选区外的图像会显示出来，效果如图8-16所示。

图8-12 创建选区

图8-13 为选区添加透明蒙版

图8-14 蒙版效果

图8-15 为选区添加不透明蒙版

图8-16 不透明蒙版效果

## 2. 停用和启用图层蒙版

（1）选择"图层 3"，观察"图层"调板，在"图层 3"图层蒙版缩览图上标有红色叉号，表示该图层蒙版为停用状态，"图层"调板如图8-17所示，效果如图8-18所示。

（2）选择"图层"|"图层蒙版"|"启用"命令，即可启用图层蒙版效果，"图层"调板如图8-19所示，效果如图8-20所示。

 按住键盘上的Shift键单击需要停用的图层蒙版，可将该图层蒙版停用。单击被停用的图层蒙版缩览图，即可启用图层蒙版效果。

图8-17  停用图层蒙版

图8-18  停用蒙版效果

图8-19  启用图层蒙版

图8-20  启用蒙版效果

### 3. 应用及删除图层蒙版

（1）选择"组 1"图层蒙版，单击"图层"调板底部的"删除图层" 🗑 按钮，如图8-21所示，这时会弹出一个提示框，如图8-22所示。

图8-21  "删除图层"按钮

图8-22  提示框

（2）单击"删除"按钮，即可将图层蒙版删除，"图层"调板将如图8-23所示，删除蒙版后效果如图8-24所示。

图8-23  删除图层蒙版

图8-24  删除蒙板后显示隐藏的图像

（3）选择"图层 3"，选择"图层"|"图层蒙版"|"应用"命令，将图层蒙版效果应用到图层中后并删除图层蒙版，操作状态及效果如图8-25～图8-27所示。

图8-25 选择图层　　　　图8-26 删除蒙版　　　　图8-27 应用图层蒙版效果

 图层蒙版可以在不同图层之间移动或复制。需要将图层蒙版移到另一个图层时，将该图层蒙版直接拖动到其他图层即可；需要复制图层蒙版时，按住键盘上的Alt键拖动图层蒙版到其他图层，即可将该图层蒙版复制到其他图层中。

**4. 链接和取消链接图层蒙版**

创建蒙版后，默认状态下蒙版与当前图层中的图像处于链接状态，在图层缩览图与蒙版缩览图之间会出现一个图图标，此时，若移动图像，蒙版会跟随移动。选择"图像"|"图层蒙版"|"取消链接"命令，会将图像与蒙版之间取消链接，此时图图标会隐藏，移动图像时蒙版不会跟随移动，效果如图8-28所示，"图层"调板的状态如图8-29所示。

图8-28 移动图像　　　　　　图8-29 "图层"调板

 创建图层蒙版后，使用鼠标在图层缩览图与图层蒙版缩览图之间的图图标处单击，即可解除蒙版的链接，在图标隐藏的位置单击，又会重新建立链接。

## 8.2 实例：故事书插画（创建剪贴蒙版）

剪贴蒙版就是使用下方图层中图像的形状，来控制其上方图层图像的显示区域。创建剪贴蒙版中的下方图层需要的是边缘轮廓，而不是图像内容。使用"创建剪贴蒙版"命令可以为图层添加剪贴蒙版效果。下面将通过制作故事书插画向大家讲解如何创建剪贴蒙版，完成效果如图8-30所示。

**1. 创建剪贴蒙版**

（1）打开配套资料\Chapter-08\ "日本画.psd" 文件，如图8-31所示。

图8-30　完成效果　　　　　　　　　　　　　图8-31　素材图像

（2）如图8-32所示，选择 "图层 2"，选择 "图层" | "创建剪贴蒙版" 命令，将该图层创建为剪贴蒙版，只显示与下面图层重叠的部分，如图8-33所示。

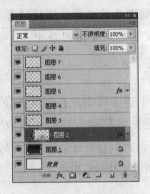

图8-32　"图层" 调板　　　　　　　　　　　图8-33　创建剪贴蒙版

（3）参照图8-34、图8-35所示，选中多个图层，右击图层右侧空白处，在弹出的快捷菜单中选择 "创建剪贴蒙版" 命令，创建剪贴蒙版。

图8-34　选择多个图层　　　　　　　　　　　图8-35　创建剪贴蒙版

**2. 取消剪贴蒙版**

使用 "图层" | "释放剪贴蒙版" 命令，可以将创建的剪贴蒙版释放，操作过程如图8-36、图8-37所示。

图8-36 选择图层

图8-37 释放剪贴蒙版

 将鼠标放在"图层"调板中的两个图层之间时按住Alt键，此时光标会变为 形状，单击即可将上面的图层转换为剪贴蒙版图层，如图8-38、图8-39所示；在剪贴蒙版的图层间单击，光标会变为 形状，单击可以取消剪贴设置。

图8-38 在两个图层之间按下Alt键

图8-39 转换为剪贴蒙版图层

## 8.3 实例：漂亮的边框（快速蒙版）

快速蒙版是一种临时蒙版，使用快速蒙版不会修改图像，它只建立图像的选区。可以在不使用通道的情况下快速地将选区范围转换为蒙版，然后在快速蒙版编辑模式下进行编辑。当再次转换回标准编辑模式时，未被蒙版遮住的部分将变成选区范围。当在快速蒙版模式下工作时，"通道"调板中会出现一个临时快速蒙版通道，但是，所有的蒙版编辑都是在图像窗口中完成的。

下面将通过制作漂亮的边框效果向大家讲解快速蒙版的具体应用，完成效果如图8-40所示。

### 1．创建快速蒙版

（1）打开配套资料\Chapter-08\"蛋糕.psd"文件。配合键盘上Ctrl键将"图层 1"载入选区，如图8-41所示。

（2）选择"选择"|"修改"|"收缩"命令，打开"收缩选区"对话框，如图8-42所示，设置

图8-40 边框完成效果

"收缩量"参数为10像素，单击"确定"按钮完成设置，得到图8-43所示效果。

（3）按快捷键Ctrl+Shfit+I，反转选区，如图8-44所示。

图8-41　载入选区

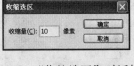

图8-42　"收缩选区"对话框

图8-43　收缩选区

图8-44　反转选区

（4）保留选区，单击工具箱底部的"以快速蒙版模式编辑" 按钮，进入到快速蒙版模式中，如图8-45所示。

　蒙版颜色默认状态下为红色，"透明度"为50%，通过在"快速蒙版选项"对话框中进行设置，可以更改蒙版颜色。在工具箱中双击"以快速蒙版模式编辑" 按钮，即可弹出图8-46所示的"快速蒙版选项"对话框。

图8-45　切换到快速蒙版模式

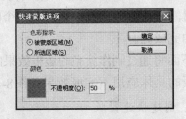

图8-46　"快速蒙版对话框"

"快速蒙版选项"对话框中各选项的含义如下：

· 色彩提示：用来设置在快速蒙版编辑状态下遮罩显示的位置。

被蒙版区域：快速蒙版中有颜色的区域代表被蒙版的范围，没有颜色的区域则是选区范围。

所选区域：快速蒙版中有颜色的区域代表选区范围，没有颜色的区域代表被蒙版遮罩的范围。

- 颜色：用来设置当前快速蒙版的颜色和透明程度，单击颜色图标即可弹出"选择快速蒙版颜色："对话框，选择的颜色就将用做快速蒙版状态下的蒙版颜色，图8-47、图8-48所示是蒙版为蓝色的快速蒙版状态。

图8-47 创建选区

图8-48 蓝色蒙版

### 2. 编辑快速蒙版

（1）选择"滤镜"|"扭曲"|"玻璃"命令，打开"玻璃"对话框，参照图8-49所示设置对话框参数，单击"确定"按钮完成设置，为图像添加玻璃效果，如图8-50所示。

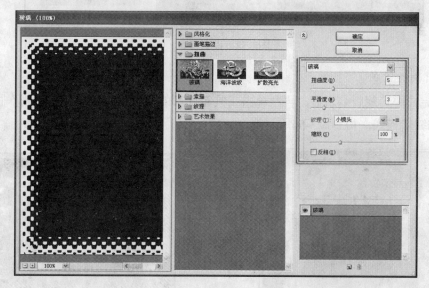

图8-49 设置参数

（2）选择"滤镜"|"像素化"|"碎片"命令，为图像应用碎片效果，如图8-51所示。

图8-50 添加玻璃效果

图8-51 应用碎片效果

（3）选择"滤镜"｜"画笔描边"｜"成角的线条"命令，打开"成角的线条"对话框，如图8-52所示，设置对话框中的参数，单击"确定"按钮，关闭对话框，为图像添加滤镜效果，如图8-53所示。

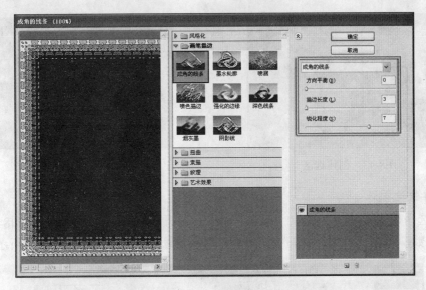

图8-52　设置参数

### 3. 退出快速蒙版

（1）完成快速蒙版编辑后，再次单击工具箱底部的"以快速蒙版模式编辑"按钮，返回到标准编辑模式，得到图8-54所示选区。

图8-53　添加滤镜效果

图8-54　选区效果

图8-55　删除图像

　技巧　按住Alt键单击"以快速蒙版模式编辑"按钮，可以在不打开"快速蒙版选项"对话框的情况下自动切换"被蒙版区域"和"所选区域"选项，蒙版也会根据所选的选项而发生变化。

（2）选择"图层1"，按下键盘上的Delete键四次，将选区内的图像删除，取消选区，效果如图8-55所示。

## 8.4 实例：穿越效果（矢量蒙版）

矢量蒙版是通过钢笔工具或形状工具创建的蒙版。矢量蒙版可以在图层上创建锐边形状，当需要添加边缘清晰的设计元素时，可以使用矢量蒙版，精确地定义图层的显示和隐藏。下面将制作如图8-56所示的电视广告，通过此例，我们将向大家讲解矢量蒙版的具体应用方法。

**创建矢量蒙版**

（1）打开配套资料\Chapter-08\"电视和蜂鸟.psd"文件，如图8-57所示。

图8-56 电视广告的完成效果

图8-57 素材图像

（2）为方便接下来的绘制，暂时将"图层2"隐藏。然后使用"钢笔"工具 依照电视边缘绘制路径，如图8-58所示。

（3）选择"图层"|"矢量蒙版"|"当前路径"命令，添加路径为矢量蒙版，将路径以外的图像隐藏，"图层"调板的状态如图8-59所示，效果如图8-60所示。

图8-58 绘制路径

图8-59 "图层"调板

（4）显示并选择"图层2"，为方便接下来的绘制，暂时设置"图层2"的"不透明度"参数为50%。参照图8-61所示，使用"钢笔"工具 依照图像边缘绘制路径。

图8-60 创建矢量蒙版

图8-61 绘制路径

图8-62　添加矢量蒙版

（5）选择"图层"|"矢量蒙版"|"当前路径"命令，添加路径为矢量蒙版，得到如图8-62所示的效果。

（6）为"图层 2"设置"不透明度"参数为100%，如图8-63所示，效果如图8-64所示。

 选择"图层"|"栅格化"|"矢量蒙版"命令或在矢量蒙版上右击，在弹出的菜单中选择"栅格化矢量蒙版"命令，都可以使当前图层的矢量蒙版转换为图层蒙版。

图8-63　设置"不透明度"参数

图8-64　图像效果

## 8.5　使用"蒙版"调板

"蒙版"调板是Photoshop CS4的一个新增功能，通过该调板可以对创建的蒙版进行更加细致的调整，使图像合成更加细腻，处理更加便捷。选择"窗口"|"蒙版"命令，会打开"蒙版"调板，如图8-65所示；创建蒙版后，调板中的部分选项和按钮会被激活，如图8-66所示。

图8-65　"蒙版"调板

图8-66　激活部分选项

"蒙版"调板中各选项的含义如下：

- "添加像素蒙版" 按钮：单击该按钮，可以为图像创建图层蒙版或在蒙版和图像之间切换。

- "添加矢量蒙版" 按钮：单击该按钮，可以为图像创建矢量蒙版或在蒙版和图像之间切换。图像中不存在矢量蒙版时，只要单击该按钮，即可在该图层中新建一个矢量蒙版，如图8-67所示。

- 浓度：用来设置蒙版中黑色区域的透明程度，数值越大，蒙版越透明，效果如图8-68至图8-70所示。

图8-67 创建的矢量蒙版

图8-68 浓度为100%

图8-69 浓度为50%

图8-70 "蒙版"调板

- 羽化：用来设置蒙版边缘的柔和程度，与选区的羽化操作相类似。
- 蒙版边缘：可以更加细致地调整蒙版的边缘，单击该按钮，会打开如图8-71所示的"调整蒙版"对话框，设置各项参数即可调整蒙版的边缘。
- 颜色范围：用来重新设置蒙版的效果，单击该按钮即可打开"色彩范围"对话框，如图8-72所示，具体使用方法不再赘述。

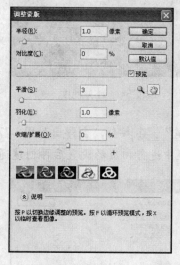

图8-71 "调整蒙版"对话框

图8-72 "色彩范围"对话框

- 反相：单击该按钮，蒙版中的黑色与白色可以进行对换。
- "从蒙版中载入选区" 按钮：单击该按钮，可以从创建的蒙版中生成选区，被生成选区的部分是蒙版中的白色部分。

- "应用蒙版" 按钮：单击该按钮，可以将蒙版与图像合并，效果与选择"图层"
  |"图层蒙版"|"应用蒙版"命令是相同的。
- "停用/启用蒙版" 按钮：单击该按钮，可以将蒙版在显示与隐藏之间转换。
- "删除蒙版" 按钮：单击该按钮，可以将选择的蒙版缩览图从"图层"调板中删
  除。

# 8.6 实例：红与黑（通道）

图8-73 完成效果

通道是一切位图颜色的基础，所有的颜色信息都可以通过通道反映出来，同时还可以保存选区，方便用户随时载入。通道分为3种类型：颜色通道、Alpha通道和专色通道。下面将通过制作如图8-73所示的羽毛笔为大家讲解通道在实际操作中是如何运用的。

### 1. 新建Alpha通道

Alpha通道将选区存储为灰度图像，可以通过添加Alpha通道来创建和存储蒙版，这些蒙版用于处理或保护图像的某些部分。

（1）打开配套资料\Chapter-08\"墨水瓶.psd"文件，如图8-74所示。

（2）按住键盘上的Ctrl键单击"图层 2"图层缩览图，将其载入选区，如图8-75所示。单击"通道"调板底部的"创建新通道" 按钮，新建"Alpha 1"通道，如图8-76所示。

图8-74 素材图像

图8-75 载入选区

**提示** 按住Alt键在"通道"调板中单击"创建新通道" 按钮，会弹出如图8-77所示的"新建通道"对话框，用户可以在该对话框中进行相应的设置后再创建通道。

图8-76 新建通道

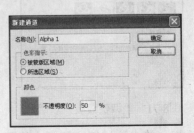

图8-77 "新建通道"对话框

2. 编辑Alpha通道

（1）在"Alpha 1"通道中为选区填充白色，取消选区，如图8-78所示，效果如图8-79所示。

图8-78 "通道"调板

图8-79 为选区填充颜色

（2）选择"滤镜"|"模糊"|"高斯模糊"命令，打开"高斯模糊"对话框，如图8-80所示，设置"半径"参数为8像素，单击"确定"按钮完成设置，为图像添加高斯模糊效果，如图8-81所示。

图8-80 "高斯模糊"对话框

图8-81 添加高斯模糊效果

（3）参照图8-82所示，选择"移动"工具 ，在选项栏中勾选"显示变换控件"复选框，调整图像大小与角度，完成设置后，取消"显示变换控件"复选框的勾选。

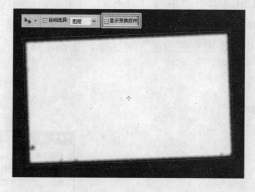

图8-82 调整图像

3. 将Alpha通道作为选区载入

（1）单击"通道"调板底部的"将通道作为选区载入" 按钮，将通道载入选区。

（2）在"图层 1"下方新建"图层 5"，并为选区填充黑色，如图8-83所示，效果如图8-84所示。

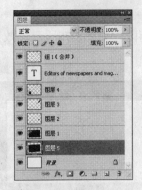

图8-83　新建图层

图8-84　为选区填充颜色

（3）为"图层5"设置"不透明度"参数为40%，如图8-85所示，效果如图8-86所示。

图8-85　"图层"调板

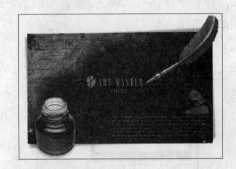

图8-86　添加透明效果

 按住Ctrl键单击选择的通道，可以调出通道中的选区，拖动选择的通道到"将通道作为选区载入" 按钮上，即可调出选区。

4. 专色通道

（1）按住键盘上的Ctrl键单击"组1（合并）"图层缩览图，将其载入选区。

（2）单击"通道"调板右上角的按钮，在弹出的快捷菜单中选择"新建专色通道"命令，如图8-87所示，打开"新建专色通道"对话框，如图8-88所示，设置对话框中的参数。

图8-87　快捷菜单

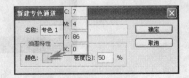

图8-88　设置专色通道

（3）完成设置后，单击"确定"按钮，关闭对话框，"通道"面板如图8-89所示，效果如图8-90所示。

图8-89　新建专色通道

图8-90　应用专色通道效果

5. 复制与删除通道

在"通道"调板中拖动选择的通道到"创建新通道" 按钮上，就会得到一个该通道的副本，如图8-91、图8-92所示。

图8-91　拖动通道

图8-92　复制通道

在"通道"调板中拖动选择的通道到"删除通道" 按钮上，就会将当前通道从"通道"调板中删除，如图8-93、图8-94所示。

图8-93　拖动通道

图8-94　删除通道

## 8.7　实例：蔚蓝的天空（应用通道）

在Photoshop CS4中，使用"应用图像"或"计算"命令可以对通道中的像素值进行"相加"、"减去"、"相乘"等操作，以使图像混合得更为细致。下面将通过制作如图8-95所示的蔚蓝的天空，向大家介绍如何应用通道。

图8-95　完成效果

1. 应用图像

"应用图像"命令可以将源图像的图层或通道与目标图像的图层或通道进行混合，从而创建出特殊的混合效果。

（1）打开配套资料\Chapter-08\"草地.psd"文件，其中的图层如图8-96所示，图像如图8-97所示。

图8-96　"图层"调板

图8-97　素材图像

（2）选择"背景"图层，再选择"图像"|"应用图像"命令，打开"应用图像"对话框，如图8-98所示，在"图层"下拉列表中选择"图层 1"，设置混合模式为"变亮"选项，效果如图8-99所示。

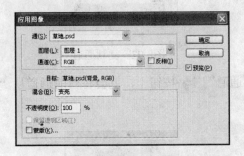
图8-98　"应用图像"对话框

图8-99　应用图像效果

（3）再次选择"图像"|"应用图像"命令，打开"应用图像"对话框，参照图8-100所示在其中设置参数，然后在"图层"下拉列表中选择"图层 1"，设置混合模式为"变亮"选项，如图8-101所示。

图8-100　"应用图像"对话框

图8-101　应用图像效果

"应用图像"对话框中各选项的含义如下：

· 源：用来选择与目标图像相混合的源图像文件。

· 图层：如果源文件是多图层文件，则可以选择源图像中相应的图层作为混合图像。

- 通道：用来指定源文件参与混合的通道。
- 反相：勾选该复选框，可以将源图像中的像素值进行反转，如黑色像素变成白色，白色像素变成黑色，彩色像素值变为互补色。
- 目标：当前工作中的文件图像。
- 混合：设置图像的混合模式。
- 不透明度：设置图像混合效果的强度。
- 保留透明区域：勾选该复选框，可以将效果只应用于目标图层的不透明区域而保留原来的透明区域。如果该图像只存在于背景图层中，那么该选项将不可用。
- 蒙版：可以将应用图像的蒙版进行混合。勾选该复选框，将展开蒙版设置选项，如图8-102所示。

  图像：在下拉列表中选择包含蒙版的图像。

  图层：在下拉列表中选择包含蒙版的图层。

  通道：在下拉列表中选择作为蒙版的通道。

  反相：勾选该复选框，可以将源图像中的像素进行反转，如黑色像素变成白色，白色像素变成黑色，彩色像素变成互补色。

 因为"应用图像"命令是基于像素对像素的方式来处理通道的，所以只有图像的宽、高和分辨率相同时，才可以为两个图像应用此命令。

### 2. 计算

使用"计算"命令可以混合两个来自一个或多个源图像的单个通道，从而得到新图像、新通道或当前图像的选区。选择"图像"|"计算"命令，会打开"计算"对话框，如图8-103所示。

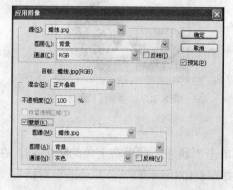

图8-102 展开的"应用图像"对话框

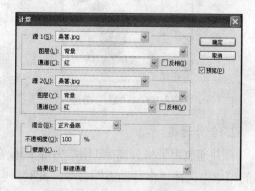

图8-103 "计算"对话框

"计算"对话框中各选项的含义如下：

- 通道：用来指定源文件参与计算的通道，在"计算"对话框中的"通道"下拉列表中不存在复合通道。
- 结果：用来指定计算后出现的结果，包括新建文档、新建通道和选区。

  新建文档：选择该项后，系统会自动生成一个多通道文档。

  新建通道：选择该项后，将在当前文件中新建Alpha通道。

  选区：选择该项后，将在当前文件中生成选区。

## 8.8　分离与合并通道

　　Photoshop "通道"调板中的通道可以重新拆分和拼合，拆分后可以得到不同通道下显示的灰度图像效果。将分离并单独调整后的图像通过 "合并通道"命令操作，可以将其还原为彩色，只是设置不同的通道图像时会产生颜色上的差异。

### 1. 分离通道

　　分离通道可以将一幅图像中的通道分离成灰度图像，以保留单个通道信息，便于独立进行编辑和存储。分离后，原文件被关闭，每一个通道均以灰度颜色模式成为一个独立的图像文件。具体操作方法是在 "通道"调板中单击 ▤ 按钮，在弹出的菜单中选择 "分离通道"命令，即可将图像拆分为组成彩色图像的灰度图像，如图8-104～图8-107所示就是一幅RGB图像和其分离后的3个通道文件窗口。

图8-104　原图

图8-105　"红"通道

图8-106　"绿"通道

图8-107　"蓝"通道

### 2. 合并通道

　　合并通道用于将分离后调整完毕的图像合并。单击 "通道"调板右上角的 ▤ 按钮，在弹出的菜单中选择 "合并通道"命令，此时，会弹出如图8-108所示的 "合并通道"对话框。在 "模式"下拉列表中可以选择合并后的颜色模式，在 "通道"参数栏中需要输入合并通道的数目，如RGB图像设置为3，而CMYK图像设置为4。因此，该数字需要与当前选定的模式相符合。完成上述设置后，单击 "确定"按钮，这时将打开如图8-109所示的对话框，在 "指定通道"设置区域中指定合并后的通道，设置完毕后，单击 "确定"按钮，即可完成合并效果，图像如图8-110所示，"通道"调板如图8-111所示。

　　执行 "合并通道"命令时，各源文件的分辨率和尺寸大小必须一致，否则将不能进行合并操作。

图8-108 "合并通道"对话框

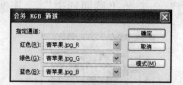

图8-109 "合并RGB通道"对话框

图8-110 合并通道后的图像

图8-111 合并后的"通道"调板

## 8.9 存储与载入选区

在Photoshop中存储的选区通常会被放置在Alpha通道中，再将选区载入时，被载入的选区就是存在于Alpha通道中的选区。

### 1. 存储选区

在处理图像时创建的选区一般使用多次，如果创建的选区要被多次使用时，就可以将其储存下来以便以后使用，对选区的存储可以通过"存储选区"命令来完成，当图像中存在选区时，选择"选择"|"存储选区"命令，会打开如图8-112所示的"存储选区"对话框，单击"确定"按钮，就可以将当前的选区存储到Alpha通道中，例如将8-113所示的图像中的选区存储下来后，"通道"调板中的情况如图8-114所示。

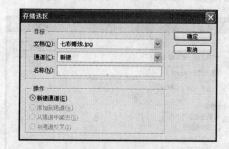

图8-112 "存储选区"对话框

图8-113 存在选区的图像

"存储选区"对话框中的各选项含义如下：

- 文档：当前选区存储的文档。
- 通道：用来选择存储选区的通道。
- 名称：设置当前选区存储的名称，设置的结果会将Alpha通道的名称替换。
- 新建通道：存储当前选区到新通道中。如果通道中存在Alpha通道，存储新的选区时，在对话框中的"通道"选项栏中有"Alpha"通道项时，操作设置区域中的"新建通道"会变为"替换通道",其他的单选按钮会被激活,如图8-115所示。

图8-114    "通道"调板

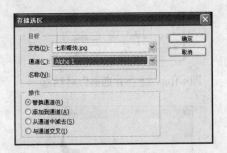

图8-115    激活的按钮

- 替换通道:替换原来的通道。
- 添加到通道:在原有通道中加入新通道,如果选区相交,则组合成新的通道。
- 从通道中减去:在原有的通道中加入新通道,如果选区相交,则合成的选区会去除相交的区域。
- 与通道交叉:在原有通道中加入新通道,如果选区相交,则合成的选区会只留下相交的部分。

2. 载入选区

存储选区后,在以后的应用中经常会用到存储的选区,下面就为大家讲解一下将存储的选区载入的方法,选择"选择"|"载入选区"命令,可以打开"载入选区"对话框,如图8-116所示。

"载入选区"对话框中的各选项含义如下:

- 文档:要载入选区的当前文档。
- 通道:载入选区的通道。
- 反相:勾选该复选框,会将选区反选。
- 新建选区:载入通道中的选区。当图像中存在选区时,选择该单选按钮可以替换图像中的选区,此时操作设置区域的其他单选按钮会被激活,如图8-117所示。

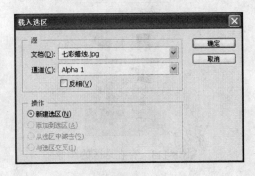

图8-116    "载入选区"对话框

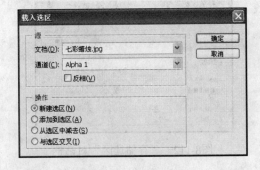

图8-117    激活按钮

- 添加到选区:载入选区时使它与图像的选区合成为一个选区。
- 从选区中减去:载入选区时与图像中的选区交叉的部分将会被去除。
- 与选区交叉:载入选区时与图像中选区交叉的部分将被保留。

## 课后练习

### 1. 简答题

（1）Photoshop CS4中创建蒙版的方法有哪些？

（2）在编辑图像时，怎样将选区内的图像隐藏，而将选区外的图像显示出来？

（3）在图像中添加的矢量蒙版上的黑、白、灰分别代表着什么？

（4）矢量蒙版与图层蒙版如何同时使用？

（5）如何分离与合并通道？

### 2. 操作题

（1）创建如图8-118所示的晚霞光照效果。

图8-118　晚霞光照效果

要求：

①具备一幅玻璃制品图像。

②在"通道"调板中选中"红"通道，然后通过"图像"|"调整"|"色阶"命令调整通道颜色。

③返回"RGB"通道，即可观察到效果。

（2）通过图层蒙版抠取图像局部图案，效果如图8-119所示。

图8-119　图像抠取效果

要求：

①具备一幅主体物较为鲜明的图像。

②创建副本图像，然后使用"磁性套索"工具 🪢 在副本上选取局部图像。

③为副本图像创建图层蒙版，即完成图像的抠取。

# 第9课

# 形状和路径

**本课知识结构**

在Photoshop中，路径和形状的创建都是通过钢笔工具或形状工具实现的，但两者是有区别的，路径表现的是以轮廓显示的绘制图形，不能够打印输出，而形状表现的是绘制的矢量图像，这些图像以蒙版的形式出现在"图层"调板中。路径和形状是组成图像的基本元素，对于学习Photoshop来讲，它们是非常重要的。

本课将带领大家一起学习路径与形状工具的操作与编辑技巧，希望读者通过本课的学习，可以对形状和路径有一个详细的了解，能够灵活运用路径工具绘制和调整各种矢量形状、路径，实现编辑位图图像的最终目的。

**就业达标要求**

☆ 掌握形状的绘制方法　　　　　　　☆ 掌握如何调整和编辑路径

☆ 掌握路径的绘制方法　　　　　　　☆ 掌握始何应用路径

## 9.1　实例：古典插画（绘制形状和路径）

图9-1　完成效果

在Photoshop CS4中，可以通过相应的工具直接在页面中绘制一些形状，如矩形、椭圆形、多边形等，也可以绘制出只包含轮廓的路径。绘制形状的工具主要包括"矩形"工具、"圆角矩形"工具、"椭圆"工具、"多边形"工具、"直线"工具和"自定形状"工具；而绘制路径的工具主要是指"钢笔"工具。

下面就将以制作古典插画为例来向大家介绍绘制形状和路径的具体方法，完成效果如图9-1所示。

### 1. 形状工具组

（1）选择"文件"|"新建"命令，打开"新建"对话框，参照图9-2所示，设置对话框中的各个选项的参数。

（2）参照图9-3所示，使用"渐变"工具为背景添加渐变填充效果。

（3）设置前景色为黄色（C：6、M：18、Y：97、K：0），使用"圆角矩形"工具在视图左上角绘制圆角矩形，如图9-4所示。

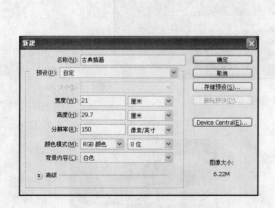

图9-2　"新建"对话框

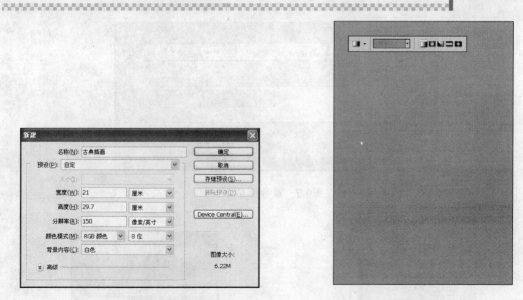

图9-3　添加渐变填充效果

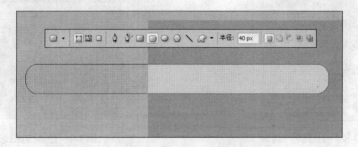

图9-4　绘制圆角矩形

　选项栏中的"半径"是用来控制圆角矩形4个角的圆滑度的，输入的数值越大，4个角就越平滑，输入的数值为0时，绘制出的圆角矩形就是矩形。

（4）单击选项栏中的"添加形状区域" 按钮，使用"圆角矩形"工具 继续绘制圆角矩形，"图层"调板如图9-5所示，绘制的图形如图9-6所示。

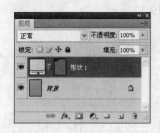

图9-5　"图层"调板

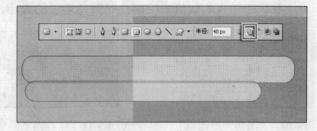

图9-6　绘制的图形

（5）单击选项栏中的"从形状区域减去" 按钮，使用"圆角矩形"工具 继续绘制圆角矩形，这时绘制的圆角图形与原图形重叠的部分为镂空效果，如图9-7所示。

（6）使用以上步骤相同的方法，继续绘制圆角矩形，"图层"调板如图9-8所示，绘制的图形效果如图9-9所示。

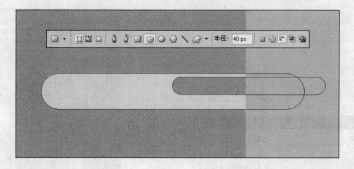

图9-7　重叠部分

图9-8　"图层"调板

图9-9　绘制的图形

提示　单击选项栏中的"几何选项"按钮，会弹出如图9-10所示的"圆角矩形选项"面板，用户可以根据需要进行设置，以绘制特定条件下的圆角矩形。

- 不受约束：绘制圆角矩形时不受宽、高限制，可以随意绘制。
- 方形：绘制圆角矩形时会自动绘制出四边相等的圆角矩形。
- 固定大小：选择该单选按钮后，可以如图9-11所示，通过在后方的"W"、"H"参数栏中输入的数值来控制绘制圆角矩形的大小，效果如图9-12所示。

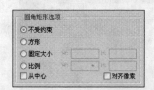

图9-10　"圆角矩形选项"
　　　　面板

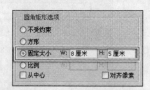

图9-11　设置固定参数

图9-12　对应大小的
　　　　圆角矩形

- 比例：选择该单选按钮后，可以参照图9-13所示通过在后方的"W"、"H"参数栏中输入预定的圆角矩形的长宽比来控制绘制图形的大小，如图9-14所示。
- 从中心：勾选该复选框，在以后绘制圆角矩形时，会以绘制矩形的中心点为起点。

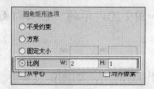

图9-13 设置固定的比例参数　　　　　　　　图9-14 对应比例的圆角矩形

在使用"圆角矩形"工具 ▢绘制圆角矩形时按住Alt键，也会以选择的中心点为起点开始绘制。

- 对齐像素：勾选该复选框，在绘制圆角矩形时，所绘制的圆角矩形会自动同像素边缘重合，使图形的边缘不会出现锯齿。

单击"圆角矩形"工具 ▢选项栏中的"填充像素" ▢按钮，选项栏中会显示针对该工具的一些属性设置，如图9-15所示。在Photoshop中填充像素可以认为是使用选区工具绘制选区后，再以前景色填充。如果不重新创建图层，那么使用像素填充的区域会直接出现在当前图层中，填充像素不会生成新图层，效果如图9-16所示，"图层"调板如图9-17所示。

图9-15 单击"填充像素"按钮后的圆角矩形工具选项栏

图9-16 填充像素　　　　　　　　　　　图9-17 不生成新图层

（7）设置前景色为黑色，使用"直线"工具 ＼在视图中单击并拖动，绘制直线图形，"图层"调板中的情况如图9-18所示，图形效果如图9-19所示。

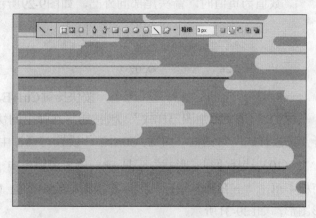

图9-18 "图层"调板　　　　　　　　　　图9-19 绘制直线

单击选项栏中的"几何选项" ▾ 按钮，会弹出如图9-20所示的"箭头"面板，进行设置后，可以绘制带箭头的指示线。

- 起点：勾选该复选框，在绘制直线时，将在起点出现箭头，如图9-21所示。
- 终点：勾选该复选框，在绘制直线时，将在终点出现箭头，如图9-22所示。

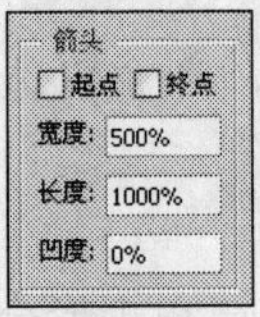

图9-20 "箭头"面板　　　　　　　　　　　　　图9-21 起点箭头

 如果同时勾选"起点"和"终点"复选框，则会在直线两端都绘制箭头，如图9-23所示。

　　　　　　　　　　　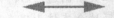

图9-22 终点箭头　　　　　　　　　　　　　图9-23 两端都出现箭头

- 宽度：用来控制箭头的宽窄度，数值越大，箭头越宽，如图9-24、图9-25所示为不同宽度的箭头。

图9-24 "宽度"为200% 　　　　　　　　　　图9-25 "宽度"为400%

- 长度：用来控制箭头的长短，数值越大，箭头越长，如图9-26、图9-27所示为不同长度的箭头。

图9-26 "长度"为100% 　　　　　　　　　　图9-27 "长度"为2000%

- 凹度：用来控制箭头的凹陷程度。数值为正值时，箭头尾部向内凹，如图9-28所示；数值为负值时，箭头尾部向外凸，如图9-29所示；数值为0时，箭头尾部为平齐。

图9-28 "凹度"为30%　　　　　　　　　　图9-29 "凹度"为 - 30%

（8）选择绘制的所有形状图形，按快捷键**Ctrl+E**，将其图层合并。

（9）单击"添加图层样式" **ƒx** 按钮，在弹出的快捷菜单中选择"渐变叠加"命令，打开"图层样式"对话框，如图9-30所示，设置对话框中的参数，为图像添加渐变叠加效果。

（10）选择"自定形状"工具 ✍ ，单击选项栏中"形状"选项右侧的 ▾ 按钮，在弹出的面板中单击"五角形"图标，然后在视图中绘制黄色（C：6、M：18、Y：97、K：0）五角形图形，如图9-31所示。

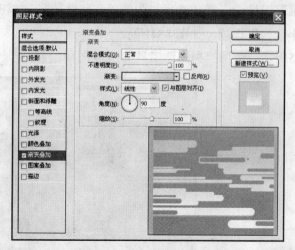

图9-30 "图层样式"对话框

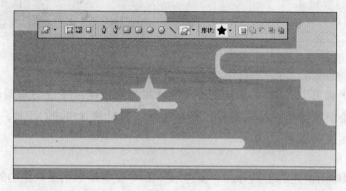

图9-31 绘制自定形状图形

（11）参照图9-32所示，使用"自定形状"工具  在视图中绘制黄色（C：6、M：18、Y：97、K：0）的枫叶图形。

> **提示** 在使用"自定形状"工具 绘制图案时，按住Shift键绘制图像可按照图像的大小进行等比例缩放绘制。

（12）使用"矩形"工具 在视图底部绘制黑色矩形，如图9-33所示。

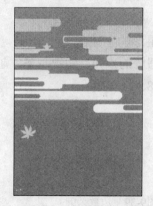

图9-32 绘制枫叶

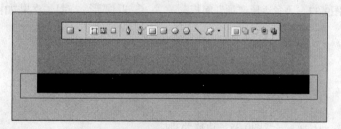

图9-33 绘制矩形图形

（13）选择"椭圆"工具 ◎，单击选项栏中的"几何选项" ▾ 按钮，在弹出的面板中选择"圆（绘制直径或半径）"选项，如图9-34所示。

（14）参照图9-35所示，使用"椭圆"工具 ◎在视图中绘制圆。

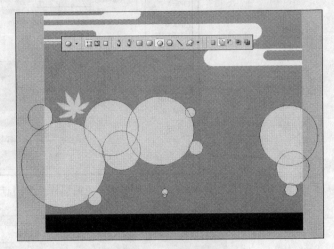

图9-34  设置选项

图9-35  绘制圆

 在使用"椭圆"工具 ◎绘制椭圆的同时按住Shift键，可绘制正圆；按住Alt键，将会以绘制椭圆的中心点为起点开始绘制；同时按住Shift+Alt键，可以绘制以中心点为起点的正圆。

除了上述步骤中所讲述的工具外，"多边形"工具 ◎也是形状工具组中的一员。使用"多边形"工具 ◎可以绘制正多边形或星形，通过在选项栏中的设置可以创建形状图层、路径和以像素填充的矩形图形。

使用"多边形"工具 ◎绘制时，起点为多边形中心，终点为多边形的一个项点。选择"多边形"工具 ◎后，选项栏中会显示该工具的一些设置选项，如图9-36所示。

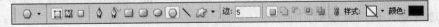

图9-36  多边形工具选项栏

图9-37  "多边形选项"面板

单击选项栏中的"几何选项" ▾ 按钮，会弹出如图9-37所示的"多边形选项"面板。

• 半径：用来设置多边形或星形的半径。
• 平滑拐角：使多边形具有圆滑的顶角，边数越多，越接近圆形，对比效果如图9-38、图9-39所示。

图9-38  边数为3时

图9-39  边数为9时

- 星形：勾选该复选框后，绘制的多边形会以星形为基础进行绘制，如图9-40所示。
- 缩进边依据：用来控制星形的缩进程度，输入的数值越大，缩进的效果越明显，如图9-41、图9-42所示。
- 平滑缩进：勾选该复选框，可以使星形的边平滑向中心缩进，如图9-43、图9-44所示勾选该复选框前后状态的对比图。

图9-40 勾选"星形"复选框时绘制的多边形

图9-41 缩进边依据为10%

图9-42 缩进边依据为70%

图9-43 不勾选"平滑缩进"复选框

图9-44 勾选"平滑缩进"复选框

 **提示** *"缩进边依据"与"平滑缩进"选项只有在选择"星形"复选框时，才会被激活。*

**2. 钢笔工具**

（1）选择"钢笔"工具 ，单击选项栏中的"形状图层" 按钮，并选择"添加到形状区域" 按钮，在视图中单击创建第一个锚点，移动鼠标，再次在视图中单击，即可创建直线路径，如图9-45所示。

（2）继续绘制路径，需要闭合路径时，移动鼠标到第一个锚点位置，当鼠标指针变为如图9-46所示状态时单击，即可闭合路径。

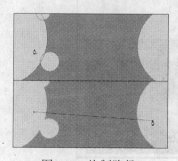

图9-45 绘制路径

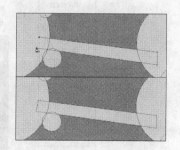

图9-46 绘制闭合路径

（3）使用"钢笔"工具 在视图中单击创建第一个锚点，移动鼠标，再次单击并拖动鼠标，这时出现两个控制柄，表示绘制的路径为曲线路径，如图9-47所示。

（4）继续绘制路径，配合键盘上Ctrl键在视图中单击，即可完成对线段路径的绘制，如图9-48所示。

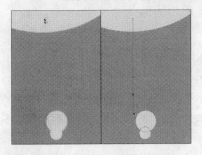

图9-47　继续绘制曲线路径

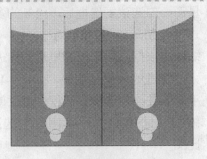

图9-48　完成路径的绘制

　　（5）选择"钢笔"工具 ，在视图中继续绘制如图9-49所示的路径，绘制后"图层"
面板如图9-50所示。

图9-49　绘制路径

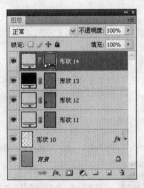

图9-50　"图层"调板

　　（6）单击"添加图层样式" 按钮，在弹出的快捷菜单中选择"渐变叠加"命令，打
开"图层样式"对话框，如图9-51所示，设置对话框中的参数，为图像添加渐变叠加效果。

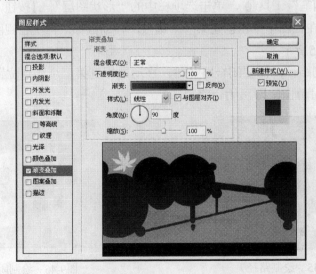

图9-51　设置"渐变叠加"参数

　　（7）打开配套资料\Chapter-09\"塔.psd"文件，如图9-52所示。使用"移动"工具拖动
素材图像到正在编辑的文档中，调整图像位置，效果如图9-53所示。

　　当选择"钢笔"工具 后，选项栏中会显示针对该工具的一些设置选项，如图9-54所示。

图9-52 素材图像

图9-53 添加素材图像后的效果

图9-54 "钢笔"工具选项栏

选项栏中的各选项含义如下：

- 自动添加/删除：勾选该复选框，"钢笔"工具 ⓐ 就有了自动添加或删除锚点的功能。当将"钢笔"工具 ⓐ 的光标移动到没有锚点的路径上时，光标右下角会出现一个小 "+"号，单击鼠标就会自动添加一个锚点，如图9-55所示；当将"钢笔"工具 ⓐ 的光标移动到有锚点的路径上时，光标右下角会出现一个小 "-"号，单击鼠标就会自动删除该锚点，如图9-56所示。

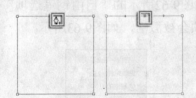

图9-55 添加锚点

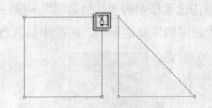

图9-56 删除锚点

- 添加到路径区域：单击选项栏中的"添加到路径区域" 🔲 按钮，可以将两个以上的路径进行重组。
- 从路径区域减去：单击选项栏中的"从路径区域减去" 🔲 按钮，可以在创建第二个路径时，将经过第一个路径位置的区域减去。
- 交叉路径区域：单击选项栏中的"交叉路径区域" 🔲 按钮，会将两个路径相交的部位保留，删除其他区域。
- 重叠路径区域除外：单击选项栏中的"重叠路径区域除外" 🔲 按钮，在创建路径的过程中，当两个路径相交时，重叠的部位会被路径删除，使用效果如图9-57所示，"路径"调板的状态如图9-58所示。

图9-57 重叠路径区域除外

图9-58 "路径"调板

3. 自由钢笔工具

使用"自由钢笔"工具 可以随意地在页面中绘制路径，当将它变为"磁性钢笔"工具 时，还可以快速沿图像反差较大的像素边缘进行自动描绘。

"自由钢笔"工具 的使用方法较为简单，就像在手中拿着画笔在页面中随意绘制一样，使用效果如图9-59所示。"磁性钢笔"工具的使用效果如图9-60所示。

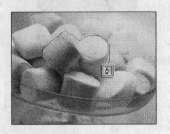　　　　　　　　

图9-59　"自由钢笔"工具绘制路径　　　　图9-60　"磁性钢笔"工具绘制路径

选择"自由钢笔"工具 后，选项栏中会显示针对该工具的一些设置选项，如图9-61所示。

图9-61　"自由钢笔"工具选项栏

单击选项栏中的"几何选项" 按钮，会弹出如图9-62所示的"自由钢笔选项"面板，勾选"磁性的"复选框后，面板中呈灰色显示的选项会被激活，如图9-63所示。

　　　　　　　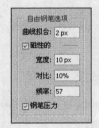

图9-62　自由钢笔选项面板　　　　图9-63　显示所有选项

- 曲线拟合：用来控制光标产生路径时的灵敏度，输入的数值越大自动生成的锚点越少，路径越简单，输入的数值范围是0.5～10。
- 磁性的：勾选该复选框，"自由钢笔"工具 会变成"磁性钢笔"工具 。"磁性钢笔"工具 与"磁性套索"工具 相似，它们都是自动寻找物体边缘的工具。

  宽度：用来设置磁性钢笔与边之间的距离以区分路径，输入的数值范围是1～256。

  对比：用来设置磁性钢笔的灵敏度，数值越大，要求的边缘与周围的反差越大，输入数值的范围是1%～100%。

  频率：用来设置在创建路径时产生锚点的多少，数值越大，锚点越多，输入的数值范围是0～100，选择不同数值时的对比效果如图9-64、图9-65所示。
- 钢笔压力：勾选该复选框，可以增加钢笔的压力，使它绘制的路径变细，此选项适用于数位板。

图9-64 "频率"为10

图9-65 "频率"为80

 使用"自由钢笔"工具 绘制路径时，松开鼠标即可结束绘制。使用"磁性钢笔"工具 绘制路径时，按下Enter键可以结束路径的绘制；在最后一个锚点上双击，可自动与第一个锚点一起封闭路径；按Alt键可以暂时将工具转换为"钢笔"工具 。

## 9.2 实例：几何插画（调整和编辑路径）

在Photoshop CS4中创建路径后，对其进行相应的编辑也是非常重要的，对路径进行编辑与调整主要体现为选择与移动路径，添加、删除锚点，转换锚点类型等。用来编辑路径的工具主要包括"添加锚点"工具 、"删除锚点"工具 、"转换点"工具 、"路径选择"工具 和"直接选择"工具 。

下面就以制作几何插画为例向大家讲解调整和编辑路径的方法，完成效果如图9-66所示。

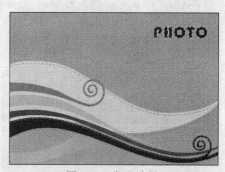

图9-66 完成效果

### 1. 选择和移动路径

（1）打开配套资料\Chapter-09\"几何图像.psd"文件，如图9-67所示。

（2）参照图9-68所示，使用"矩形"工具 在视图中绘制路径。

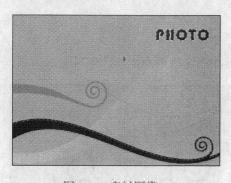

图9-67 素材图像

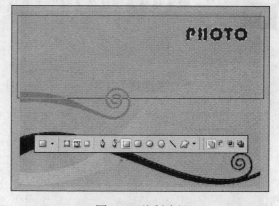

图9-68 绘制路径

（3）选择"路径选择"工具 ，在路径上单击，这时路径锚点将显示出来并显示为实心，表示该路径为选择状态，如图9-69所示。

（4）接下来在路径上拖动鼠标，即可移动路径，如图9-70所示。

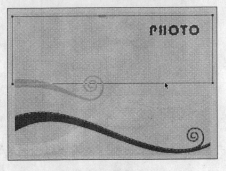

图9-69　选择路径

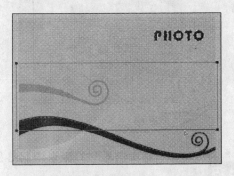

图9-70　移动路径

## 2. 添加和删除锚点

（1）选择"添加锚点"工具 ，移动鼠标到路径上，当鼠标指针变为 状态时单击，即可添加锚点，如图9-71所示。

（2）使用"添加锚点"工具 继续在路径上单击，继续添加锚点，如图9-72所示。

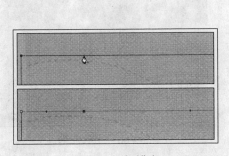

图9-71　添加锚点

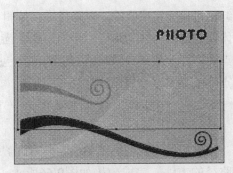

图9-72　继续添加锚点

（3）选择"删除锚点"工具 ，移动鼠标到需要删除的锚点上，鼠标指针变为 状态时单击，即可删除锚点，如图9-73所示。

 如果当前选择的是"路径选择"工具 ，可按住键盘上Ctrl键切换至"直接选择"工具 。

## 3. 移动锚点

（1）选择"直接选择"工具 ，在锚点上单击，选择该锚点，如图9-74所示。

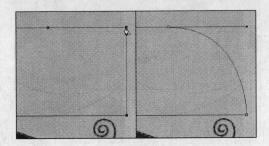

图9-73　删除锚点

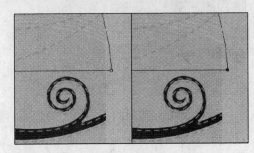

图9-74　选择锚点

（2）在视图中拖动选择的锚点，即可调整锚点位置，如图9-75所示。

（3）参照图9-76所示，使用"直接选择"工具 ，调整锚点位置，路径也随之发生了变化。

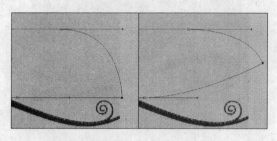

图9-75　移动锚点

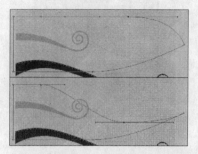

图9-76　调整锚点位置

### 4. 转换锚点类型

（1）使用"直接选择"工具 ，选择平滑锚点，被选择的平滑锚点会显示相应的控制柄，拖动控制柄，即可调整路径的弧度，如图9-77所示。

（2）选择"转换点"工具 ，移动鼠标到锚点上，鼠标指针变为 状态时单击并拖动，即可将角点转换为平滑点，如图9-78所示。

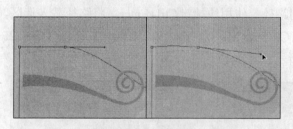

图9-77　调整锚点

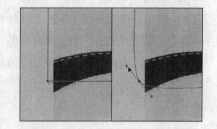

图9-78　将角点转换为平滑点

（3）参照图9-79所示，使用"转换点"工具 拖动控制柄，即可将平滑点转换为锚点。

（4）使用以上相同的方法，继续编辑路径，得到如图9-80所示效果。

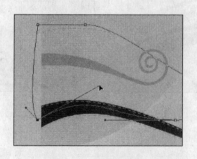

图9-79　转换锚点

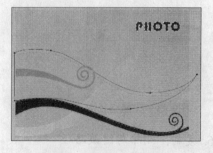

图9-80　编辑得到的路径

（5）按快捷键Ctrl+Enter，将路径载入选区，然后在新建的图层中为选区填充黄色（C：11、M：10、Y：87、K：0），其中"图层"调板的状态如图9-81所示，图像效果如图9-82所示。

### 5. 保存工作路径

（1）选择"窗口"|"路径"命令，打开"路径"调板，如图9-83所示。

（2）双击"工作路径"的路径缩览图，打开"存储路径"对话框，如图9-84所示。

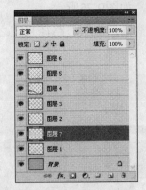

图9-81　"图层"调板

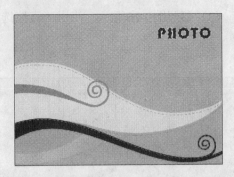

图9-82　为选区填充颜色

图9-83　"路径"调板

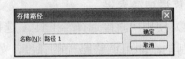

图9-84　"存储路径"对话框

（3）单击"确定"按钮，关闭对话框，将该路径储存，如图9-85所示。

（4）使用以上相同的方法，继续绘制路径。使用快捷键Ctrl+Enter，将路径载入选区，然后分别在新建的图层中为选区填充蓝色（C：59、M：0、Y：17、K：0）和红色（C：22、M：96、Y：62、K：0），效果如图9-86所示。

图9-85　存储路径

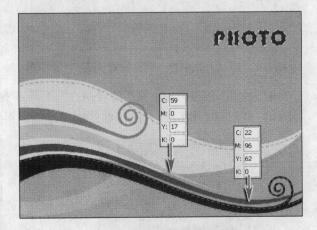

图9-86　绘制图像

### 6. 复制、删除与隐藏路径

图9-87　"复制路径"对话框

拖动路径到"路径"调板底部的"创建新路径"按钮处，就可以得到一个该路径的副本；在"路径"调板中选择一条路径，然后右击，在弹出的菜单中选择"复制路径"命令，会弹出如图9-87所示的"复制路径"对话框，用户以根据需要修改路径名称。

提示 拖动路径到"路径"调板底部的"创建新路径" ◻ 按钮处时，按住Alt键，也可以弹出"复制路径"对话框。

拖动路径到"路径"调板底部的"删除当前路径" ▨ 按钮处，可以将当前路径删除。在"路径"调板的空白处单击，可以将路径隐藏。

7. 变换路径

与图像和选区一样，路径也可以进行旋转、缩放、倾斜和扭曲等变换操作。具体操作时，首先在"路径"调板中选择该路径，使其显示在图像窗口中，然后利用"路径选择"工具选中路径，此时"编辑"|"自由变换路径"和"变换路径"命令呈激活状态。选择"编辑"|"自由变换路径"命令或按下Ctrl+T快捷键以及选择"编辑"|"变换路径"命令都可对路径进行变换操作。

提示 在执行旋转变换时，应该注意旋转中心的控制。按Ctrl+Alt+T快捷键进行变换操作，将只改变所选路径的副本，而不影响原路径。

## 9.3 实例：小猴子（路径的运算）

在Photoshop中也可以将多个路径组合在一起，对路径的组合主要使用"添加到路径区域"按钮 ▣、"从路径区域减去"按钮 ▣、"交叉路径区域"按钮 ▣ 和"重叠路径区域除外"按钮 ▣。使用这些按钮可以根据需要对路径进行各种各样的组合。

下面将制作一个卡通动物小猴子，旨在通过该实例的制作为读者讲述组合路径的方法，完成效果如图9-88所示。

**路径运算**

（1）打开配套资料\Chapter-09\"小猴子.jpg"文件，如图9-89所示。

图9-88 完成效果 　　　　　　　　图9-89 素材图像

（2）新建"路径 1"，使用"钢笔"工具 ✎，如图9-90所示为小猴子绘制头部路径。

（3）按快捷键Ctrl+Enter，将路径载入选区。然后在新建的图层中为选区添加渐变填充效果，如图9-91所示。

（4）使用相同的方法，用"钢笔"工具 ✎ 继续绘制小猴子身体部分路径，然后分别在新建的图层中为选区设置颜色，"图层"调板如图9-92所示，效果如图9-93所示。

图9-90　绘制路径

图9-91　为选区填充渐变色

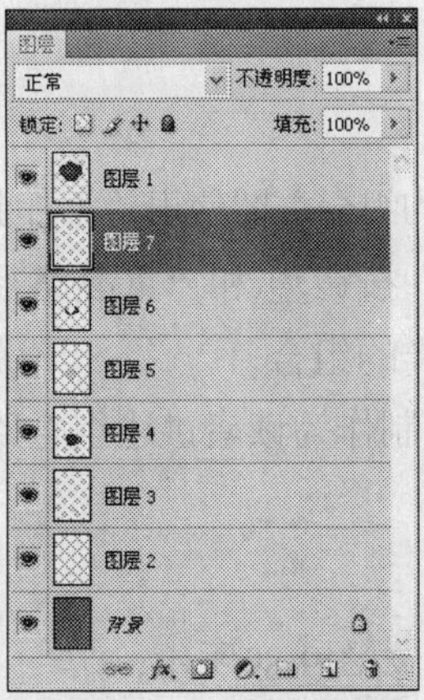

图9-92　"图层"调板

图9-93　继续绘制的图像

（5）新建"路径2"，选择"椭圆"工具 ◎，单击"添加到路径区域"按钮 ，使创建的路径添加到重叠路径区域。在视图中绘制椭圆路径，如图9-94所示。

（6）参照图9-95所示，使用"直接选择"工具 调整路径形状。

图9-94　绘制椭圆路径

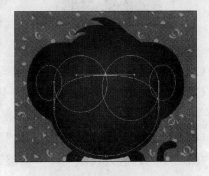

图9-95　调整路径

（7）使用"路径选择"工具 ，选择绘制的路径，单击选项栏中的"组合"按钮，将路径组合在一起，如图9-96所示。

（8）按快捷键Ctrl+Enter，将路径载入选区。然后在新建的图层中为选区添加渐变填充效果，此时"图层"调板如图9-97所示，图像效果如图9-98所示。

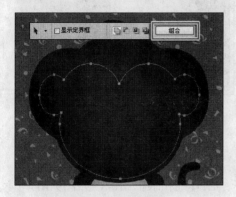

图9-96 组合路径

图9-97 "图层"调板

（9）参照图9-99、图9-100所示，使用"椭圆"工具 为小猴子绘制眼睛图像。

图9-98 为选区填充颜色

图9-99 "图层"调板（绘制眼睛图像）

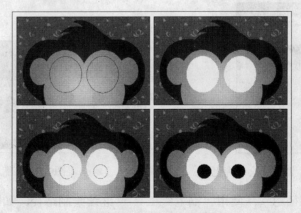

图9-100 设置眼睛的颜色

（10）接下来为小猴子绘制耳朵轮廓，参照图9-101所示，使用"椭圆"工具 绘制椭圆路径。

（11）参照9-102所示，使用"路径选择"工具 选择路径，单击"从路径区域减去"按钮 ，将新建的路径从重叠路径区域移去。然后单击选项栏中的"组合"按钮，将其组合。

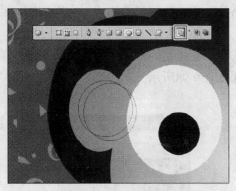

图9-101　绘制椭圆路径

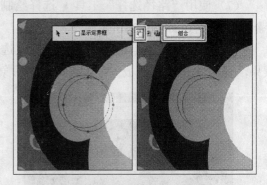

图9-102　修剪路径

（12）按快捷键Ctrl+Enter，将路径载入选区。然后在新建的图层中为选区填充褐色（C：43、M：53、Y：72、K：0），如图9-103所示。

（13）使用以上相同的方法，继续为小猴子绘制耳廓和眼框图像，如图9-104所示。

图9-103　为选区设置颜色

图9-104　绘制另一边的耳朵及眼睛图像

（14）新建"路径 3"，使用"钢笔"工具 为小猴子绘制嘴巴路径。然后在新建的图层中为其填充红色（C：28、M：100、Y：100、K：0），其中"图层"调板如图9-105所示，嘴巴的效果如图9-106所示。

图9-105　"图层"调板（绘制嘴巴）

图9-106　嘴巴效果

（15）选择"路径 3"，使用"钢笔"工具 继续绘制路径，如图9-107所示。

（16）使用"路径选择"工具 选择路径，单击"交叉路径区域"按钮 ，然后单击选项栏中的"组合"按钮，保留路径相交的部分，如图9-108所示。

（17）将路径转换为选区，并为其填充白色，如图9-109所示。

提示 　　"重叠路径区域除外"按钮 将路径限制为新区域和现有区域的相交部分以外的区域。

图9-107 绘制路径

图9-108 修剪路径

（18）参照图9-110所示为小猴子添加鼻子图像。

图9-109 设置颜色

图9-110 绘制鼻子图像

## 9.4 实例：蝴蝶飞舞（应用路径）

路径可用于填充或描边，可以转换为选区，还可以将选区转换为路径。下面将制作如图9-111所示的蝴蝶飞舞图像，通过此例，我们将向大家介绍关于应用路径的具体操作方法。

### 1. 填充路径

（1）打开配套资料\Chapter-09\"蝴蝶.psd"文件，如图9-112所示。

（2）选择"路径1"，并使用"路径选择"工具 ▶ 选择部分路径，"路径"调板的状态如图9-113所示，选择的路径如图9-114所示。

（3）新建"图层7"，设置前景色为蓝色（C：92、M：69、Y：14、K：0），单击"路径"调板底部的"用前景色填充路径" ⚪ 按钮，为路径填充前景色，如图9-115、图9-116所示。

（4）设置"图层7"的混合模式为"线性加深"，如图9-117所示，效果如图9-118所示。

图9-111　完成效果

图9-112　素材图像

图9-113　"路径"调板

图9-114　选择路径

图9-115　选择的按钮

图9-116　用前景色填充路径

图9-117　"图层"调板

图9-118　设置混合模式

提示　　按住Alt键单击"用前景色填充路径" 🔘 按钮，或者单击"路径"调板右上角的 按钮，在弹出的菜单中选择"填充路径"命令，都可弹出如图9-119所示的"填充路径"对话框，用户可在该对话框中设置相关参数。

2. 描边路径

（1）使用"路径选择"工具 ▶ 选择路径，如图9-120所示。

图9-119 "填充路径"对话框

图9-120 选择路径

（2）选择"画笔"工具 ，如图9-121所示。然后在"画笔"调板中设置画笔样式，如图9-122所示。

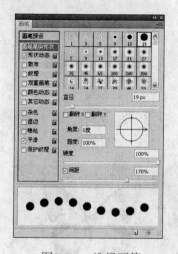

图9-121 选择画笔

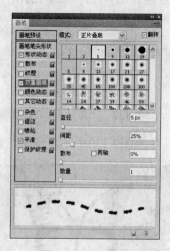

图9-122 设置画笔

（3）新建"图层8"，设置前景色为黄色（C：6、M：19、Y：88、K：0），单击"路径"调板底部的"用画笔描边路径" 按钮，如图9-123所示，为路径添加画笔描边效果，如图9-124所示。

图9-123 单击"用画笔描边路径"按钮

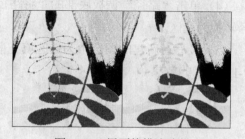

图9-124 用画笔描边路径

提示

单击"路径"调板右上角的 按钮，在弹出的快捷菜单中选择"描边路径"命令，打开"描边路径"对话框，如图9-125所示，在对话框中可以选择用来描边的工具。

3. 转换路径和选区

（1）按住键盘上的Ctrl键单击"图层 2"图层缩览图，将其载入选区，如图9-126所示。

图9-125　"描边路径"对话框

图9-126　载入选区

（2）单击"路径"调板底部的"从选区生成工作路径"　　按钮，将选区转换为工作路径，操作过程如图9-127~图9-129所示。

图9-127　"路径"调板

图9-128　从选区生成工作路径

（3）参照图9-130所示，使用快捷键Ctrl+T，调整路径大小与位置。

图9-129　转换为工作路径

图9-130　调整路径

（4）单击"路径"调板底部的"将路径作为选区载入"　按钮，如图9-131所示，将路径转换为选区。

（5）最后在新建的图层中为选区填充蓝色（C：78、M：57、Y：1、K：0），得到如图9-132所示的效果。

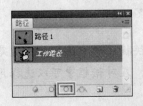

图9-131　将工作路径转换为选区

图9-132　为选区填充颜色

**4. 剪贴路径**

使用"剪贴路径"命令可以分离图像，具体操作时，首先使用"钢笔"工具 沿所需图像的外轮廓绘制路径，并将路径存储，路径及"路径"调板如图9-133、图9-134所示。

图9-133 在图像中创建路径

图9-134 "路径"调板

然后单击"路径"调板右上角的 按钮，在弹出的菜单中选择"剪贴路径"命令，打开"剪贴路径"对话框，用户可在其中进行设置，如图9-135所示。设置完毕后单击"确定"按钮，即完成剪贴路径的创建。

图9-135 "剪贴路径"对话框

选择"文件"|"储存为"命令，在打开的"存储为"对话框中选择存储的格式为Photoshop EPS。单击"保存"按钮，会弹出如图9-136所示的"EPS选项"对话框，用户在该对话框中可设置图像的属性，设置完毕后单击"确定"按钮，完成图像的保存。之后在其他软件中导入该图像，例如Illustrator，会观察到获得的无背景的图像，如图9-137所示。

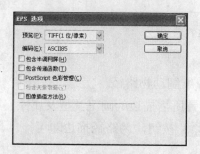

图9-136 "EPS选项"对话框

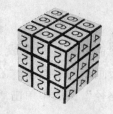

图9-137 无背景图像

## 课后练习

1. 简答题

（1）创建路径有几种方法？

（2）创建和编辑路径的工具有哪些？

（3）路径选择工具和直接选择工具有什么区别？

（4）Photoshop CS4可以对路径进行哪些方面的编辑？

（5）怎样在路径中填充图案？

2. 操作题

（1）选取瓷瓶图像，效果如图9-138所示。

图9-138　选取瓷瓶图像

要求：

①具备一幅主体物为瓷瓶的图像。

②使用"自由钢笔"工具 将瓷瓶图像的轮廓勾画出来。

③将路径转换为选区，从而选中该图像。

（2）制作描边动物图像，效果如图9-139所示。

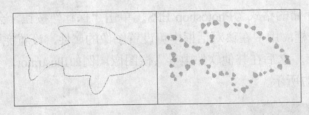

图9-139　路径描边效果

要求：

①使用"钢笔"工具 或"自定形状"工具 绘制动物路径。

②选择"画笔"工具 ，在"画笔"调板中设置所需描边的画笔类型及属性。

③在"路径"调板中单击"用画笔描边路径" 按钮，为路径描边即可。

# 第10课

# 滤 镜 效 果

**本课知识结构**

　　滤镜产生的复杂的数字化效果来源于摄影技术，它不仅可以修饰图像的效果并掩盖其缺陷，还可以在原有图像的基础上产生许多特殊的效果。滤镜是Photoshop CS4中功能最丰富的工具之一。它通过不同的方式改变像素数据，以达到对图像进行抽象、艺术化的特殊处理效果。

　　本课将向读者介绍有关Photoshop滤镜的基础操作，并通过实例来介绍使用滤镜的技巧，希望读者通过本课的学习可以对滤镜的应用有一个充分的了解，并在之后的设计创作中得以灵活应用。

**就业达标要求**

　　☆ 了解关于滤镜的理论知识　　　　　　☆ 掌握应用高斯模糊滤镜的方法
　　☆ 掌握运用滤镜效果的具体方法　　　　☆ 掌握应用彩色半调滤镜的方法

## 10.1　滤镜概述

　　Photoshop中有多种滤镜，不同的滤镜会产生不同的效果。有些滤镜以分析图像或选区中的每个像素为工作方式，使用数学算法将其转换生成随机或预定的形状；有些滤镜则先对单一像素或像素组进行取样，确定在显示颜色或亮度方面差异最大的区域，然后开始改变该区域中的像素值。

　　如果想应用好滤镜，应首先了解一些滤镜的相关操作，如滤镜的使用步骤、滤镜效果的预览等，下面将进行具体介绍。

### 1. 滤镜的操作步骤

　　Photoshop中的滤镜之间尽管存在着一些差异，但它们的使用过程大体上是相同的。

　　打开要使用滤镜的图像后，如果只对局部图像使用滤镜，可以在该图像中创建选区，否则Photoshop就会将滤镜应用到整个图像上。另外，滤镜也可以应用于通道。

　　如果在图层中使用滤镜，将只会影响该图层中有像素的区域，而不会影响该图层中的透明区域，并且每执行一次滤镜只能使当前图层发生变化。

　　选择“滤镜”菜单中的滤镜命令即可执行相应的滤镜功能。其中有些滤镜在选择后会直接显示效果，不需要设置任何参数；而有些滤镜则会弹出相应的对话框要求用户设置参数，从而对滤镜效果加以控制。

　　有些滤镜对图像的影响比较小，效果不是太明显，此时可以再次应用该滤镜以增强效果。为了方便滤镜的重复应用，Photoshop会将上次使用的滤镜命令置于“滤镜”菜单的顶端。当重复使用滤镜时，只需单击"滤镜"菜单中的第一个菜单命令，或按Ctrl+F快捷键即可。如果该滤镜需要在对话框中进行设置，而再次使用该滤镜时需要变更参数设置，那么按Ctrl+Alt+F快捷键即可在重复使用滤镜时弹出相应的滤镜对话框。

### 2. 滤镜的预览

许多滤镜对话框中都提供了图像预览功能，在应用滤镜时可以观看到应用滤镜的图像效果。例如，打开一幅图像后，选择"滤镜"|"风格化"|"扩散"命令，会弹出如图10-1所示的"扩散"对话框。

在该对话框中，可以观察到用来预览图像的预览框，在其上单击并拖动，即可移动预览图像的位置。勾选"预览"复选框，可以在图像窗口中观察到最终的应用效果。单击➕或➖图标，可以根据指定的比例放大或缩小预览框中的图像，例如，在100%的状态下单击➕图标，图像比例将变为200%，预览框中的图像会放大一倍显示。

如果要在预览框内显示离预览框范围以外很远的图像区域，可以在图像中单击目标图像区域即可，如图10-2所示。

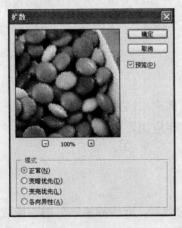

图10-1　"扩散"对话框

图10-2　在图像上定义预览区域

> **提示**　有一些滤镜的使用较为复杂，执行过程需要比较长的时间，如果在应用滤镜时希望在完成处理前停止滤镜的应用，可以按下键盘上的Esc键取消应用。

### 3. 滤镜的渐隐

"编辑"菜单中的"渐隐"命令可以更改任何滤镜、绘画工具、抹除工具或颜色调整的不透明度和混合模式。应用"渐隐"命令类似于在单独的图层上应用滤镜效果，然后再调整图层的不透明度和混合模式。

图10-3　"编辑"菜单

在对一幅图像使用了任意一种滤镜后，"渐隐"命令后会添加相应的滤镜名称，例如对图像使用"拼贴"滤镜后，"渐隐"命令就会转换为"渐隐拼贴"命令，如图10-3所示。选择该命令后，会弹出如图10-4所示的"渐隐"对话框，用户可在其中进行设置，单击"确定"按钮后，就得到相应的渐隐效果，例如，对一幅图像设置"渐隐"模式的操作步骤如图10-5～图10-7所示。

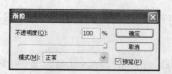

图10-4 "渐隐"对话框

图10-5 原图

图10-6 "正常"模式

图10-7 "正片叠底"模式下的渐隐效果

## 10.2 实例：编辑木质纹理（应用滤镜效果）

在了解滤镜处理图像的基本原理和相关基本操作之后，就可以对图像应用相应的滤镜效果了。在本节中，将通过编辑木质纹理向大家讲解如何具体对图像应用"杂色"、"模糊"、"素描"、"液化"滤镜或滤镜组，完成效果如图10-8所示。

图10-8 完成效果

**1. 应用"杂色"滤镜**

（1）选择"文件"|"新建"命令，新建13厘米×10厘米、分辨率为200像素/英寸的"编辑木质纹理"文档。

（2）选择"滤镜"|"杂色"|"添加杂色"命令，打开"添加杂色"对话框，参照图10-9所示设置对话框参数，单击"确定"按钮完成设置，得到如图10-10所示的效果。

图10-9 "添加杂色"对话框

图10-10 应用滤镜效果

对话框中的各选项含义如下：

·数量：控制添加到图像中的杂色数，数值越大，杂色效果就越明显。

- 平均分布：选择"平均分布"单选按钮，Photoshop将会使用随机数值分布杂色以获得细微效果。
- 高斯分布：选择"高斯分布"单选按钮，杂色将产生斑点状的效果。"高斯分布"通常比"平均分布"产生的杂色更强。
- 单色：勾选该复选框，杂点就以黑白两种颜色添加，否则，杂点就会以多种颜色添加。

2. 应用"模糊"滤镜

（1）选择"滤镜"|"模糊"|"动感模糊"命令，打开"动感模糊"对话框，参照图10-11所示，设置"距离"参数为998像素，单击"确定"按钮完成设置，得到图10-12所示效果。

图10-11　"高斯模糊"对话框　　　　图10-12　应用"动感模糊"滤镜的效果

（2）选择"滤镜"|"模糊"|"高斯模糊"命令，打开"高斯模糊"对话框，参照图10-13所示，设置"半径"参数为5像素，单击"确定"按钮完成设置，得到图10-14所示效果。

图10-13　"高斯模糊"对话框　　　　图10-14　应用"高斯模糊"滤镜的效果

3. 应用"素描"滤镜

（1）选择"滤镜"|"素描"|"铬黄"命令，打开"铬黄"滤镜库，参照图10-15所示设置其参数，单击"确定"按钮完成设置，得到图10-16所示效果。

（2）按快捷键Ctrl+U，打开"色相/饱和度"对话框，参照图10-17所示设置对话框中的参数，单击"确定"按钮完成设置，调整图像颜色，效果如图10-18所示。

4. 应用"液化"命令

（1）选择"滤镜"|"液化"命令，参照图10-19所示，对图像进行变形处理。

图10-15 设置滤镜库参数

"液化"对话框中左侧各工具含义如下：

- "向前变形"工具 ：使用该工具在图像上拖动，会使图像拖动方向产生弯曲变形效果，对比效果如图10-20、图10-21所示。

- "重建"工具 ：使用该工具在图像上已发生变形的区域单击或拖动，可以使已变形的图像恢复为原始状态。

图10-16 应用"铬黄"滤镜的效果

图10-17 "色相/饱和度"对话框

图10-18 调整图像颜色

- "顺时针旋转扭曲"工具 ：使用该工具可以使图像中的像素顺时针旋转；使用该工具在图像上单击时按住Alt键，可以使图像中的像素逆时针旋转。

- "褶皱"工具 ：使用该工具在图像上单击或拖动时，会使图像中的像素向画笔区域的中心移动，使图像产生收缩效果，如图10-22所示。

- "膨胀"工具 ：使用该工具在图像上单击或拖动时，会使图像中的像素从画笔区域的中心向其边缘移动，使图像产生膨胀效果，与"褶皱"工具 产生的效果正好相反，如图10-23所示。

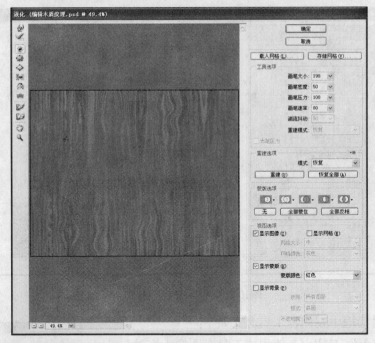

图10-19　对图像进行变形处理

图10-20　原图

图10-21　向前推动

图10-22　收缩

图10-23　膨胀

- "左推"工具※⃔：使用该工具在图像上拖动时，图像中的像素会以相对于拖动方向左垂直的方向在画笔区域内移动，使其产生挤压效果，如图10-24所示；按住Alt键拖动鼠标时，图像中的像素会以相对于拖动方向右垂直的方向在画笔区域内移动，使其产生挤压效果，如图10-25所示。
- "镜像"工具：使用该工具在图像上拖动时，图像中的像素会在相对于拖动方向右垂直的方向上产生镜像效果，如图10-26所示；按住Alt键拖动鼠标时，图像中的像素会在相对于拖动方向左垂直的方向上产生镜像效果，如图10-27所示。

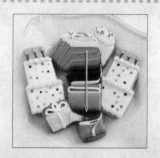

图10-24 左推

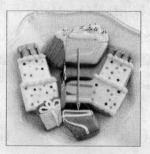

图10-25 右推

图10-26 右镜像

图10-27 左镜像

- "湍流"工具 ≈：使用该工具在图像上拖动时，图像中的像素会平滑地混合在一起，使用该工具可以十分轻松地在图像上产生拖动扭曲效果。
- "冻结蒙版"工具 ✎：使用该工具在图像上拖动时，图像中画笔经过的区域会被冻结，图10-28所示的红色区域就是预览区域中的被冻结部分，冻结后的区域不会受到变形的影响，例如，使用"湍流"工具 ≈ 在图像上拖动后，经过冻结的区域不会变形，如图10-29所示。

图10-28 冻结

图10-29 湍流液化

- "解冻蒙版"工具 ✎：使用该工具在已经冻结的图像上拖动时，画笔经过的区域会被解冻。
- "缩放"工具 🔍：用来缩放预览区域的视图，在预览区域内单击会放大图像，按住Alt键单击会缩小图像。
- "抓手"工具 ✋：当图像放大到超出预览区域时，使用该工具可以移动图像查看局部情况。

在"液化"对话框中，除了使用"缩放"工具 🔍 外，在使用其他工具时，按住Ctrl键在预览区域单击，也会放大图像。

（2）按快捷键Ctrl+M，打开"曲线"对话框，参照图10-30所示设置曲线，调整图像亮度，得到如图10-31所示效果。

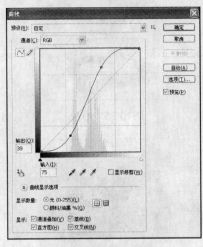

图10-30　"曲线"对话框

图10-31　调整图像亮度

（3）再次打开"曲线"对话框，继续调整曲线来改变图像亮度，如图10-32、图10-33所示。

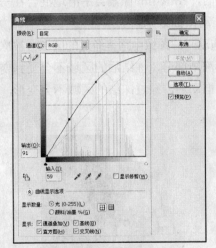

图10-32　再次调整图像亮度

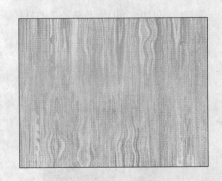

图10-33　调整效果

图10-34　"色相/饱和度"对话框

（4）按快捷键Ctrl+U，打开"色相/饱和度"对话框，将"饱和度"参数栏设置为－32，如图10-34所示，降低图像的饱和度，效果如图10-35所示。

（5）选择"图像"｜"图像旋转"｜"90度（顺时针）"命令，顺时针旋转画布90度，然后使用"矩形选框"工具在视图中绘制选区，如图10-36所示。

（6）按快捷键Ctrl+J，将选区内的图像拷贝并粘贴到新建的图层中，"图层"调板如图10-37所示，粘贴后效果如图10-38所示，为方便读者查看，先暂时将"背景"图层隐藏。

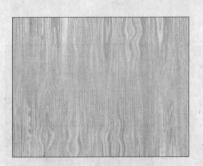

图10-35　调整图像颜色

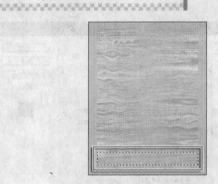

图10-36　绘制矩形选区

图10-37　"图层"调板

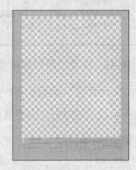

图10-38　拷贝图像

（7）使用相同的方法，继续在"背景"图层中绘制矩形选区，配合快捷键Ctrl+J，拷贝选区内的图像并粘贴到新建的图层中，然后打乱纹理的排列位置，得到图10-39所示效果。

（8）选择"图层 1"，单击"图层"调板底部的"添加图层样式" *fx.* 按钮，在弹出的快捷菜单中选择"内阴影"命令，打开"图层样式"对话框，参照图10-40所示设置对话框中的参数，为图像添加内阴影效果。同样在"图层样式"对话框中，为图像添加斜面和浮雕效果，如图10-41所示，单击"确定"按钮完成设置。

图10-39　复制图像的效果

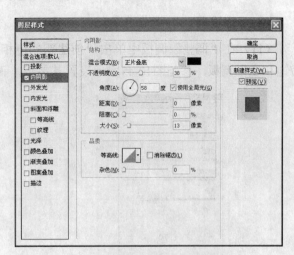

图10-40　设置内阴影效果

（9）使用相同的方法，继续为其他的木板图像添加内阴影、斜面和浮雕效果，使每个单独的木板图像具有立体效果，如图10-42所示，配合键盘上Ctrl+G快捷键，将创建的木板图像编组。

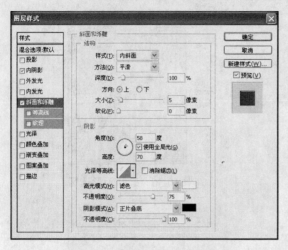

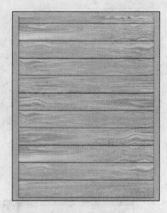

图10-41　设置"斜面和浮雕"效果　　　　　　　图10-42　添加立体效果

（10）单击"调整"调板中的"创建新的曲线调整图层" 按钮，切换到"曲线"调板，参照图10-43所示设置曲线，调整图像亮度，得到图10-44所示效果。

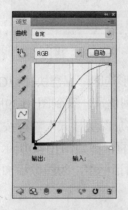

图10-43　"调整"调板　　　　　　　　　　图10-44　调整图像亮度

（11）在"调整"调板中单击"创建新的色相/饱和度调整图层"按钮，切换到"色相/饱和度"调板，参照图10-45所示设置其参数，调整图像颜色，得到图10-46所示效果。

图10-45　"调整"调板　　　　　　　　　　图10-46　调整图像颜色

（12）打开配套资料\Chapter-10\"表.jpg"文件，使用"移动"工具 ⊕拖动素材图像到正在编辑的文档中。按快捷键Ctrl+T，调整图像大小与位置，如图10-47所示。

（13）参照图10-48所示，使用"魔棒"工具 选取背景图像，形成选区。

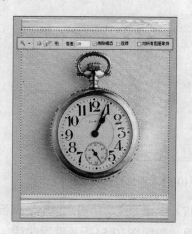

图10-47 调整素材图像        图10-48 形成选区

（14）按快捷键Ctrl+Shift+I，反转选区。单击"添加图层蒙版" 按钮，为"图层 8"添加图层蒙版，"图层"调板如图10-49所示，添加蒙版的效果如图10-50所示。

图10-49 "图层"调板        图10-50 添加图层蒙版后的效果

（15）参照图10-51所示，为图像添加投影效果，单击"确定"按钮完成设置，得到图10-52所示效果。

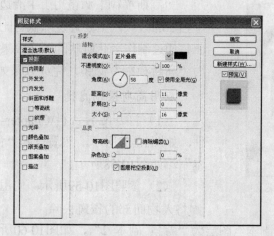

图10-51 "图层样式"对话框

（16）配合键盘上的Ctrl键单击"图层 8"图层缩览图，将其载入选区。然后使用"矩形选框"工具 在视图中修剪选区，得到表图像的选区，如图10-53所示。

图10-52　添加投影效果

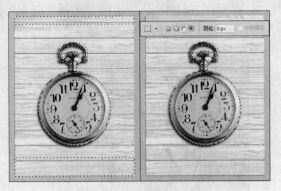

图10-53　修剪选区

（17）保留选区，单击"调整"调板中的"创建新的曲线调整图层" 按钮，切换到"曲线"调板，参照图10-54所示设置曲线，调整图像亮度，得到图10-55所示效果。

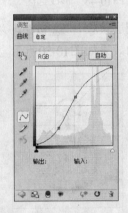

图10-54　"曲线"调板

图10-55　调整图像亮度

## 10.3　实例：美化肌肤（应用高斯模糊滤镜）

图10-56　完成效果

"高斯模糊"滤镜用于平滑边缘过于清晰和对比度过于强烈的区域，主要通过降低对比度来柔化图像边缘。下面将通过制作美化肌肤的图像效果向读者介绍如何具体应用"高斯模糊"滤镜，完成效果如图10-56所示。

**应用高斯模糊滤镜**

（1）打开配套资料\Chapter-10\"女性头像.jpg"文件，如图10-57所示，然后复制"背景"图层为"背景 副本"，如图10-58所示。

（2）参照图10-59所示，使用"污点修复画笔"工具 将人物面部的雀斑去除。

（3）复制"背景 副本"图层为"背景 副本 2"，如图10-60所示按住键盘上的Shift键单击"创建新组" 按钮，新建"组 1"图层组，如图10-61所示。

图10-57 素材图像

图10-58 复制素材图像

图10-59 去除面部的雀斑

图10-60 复制图像

图10-61 创建新组

（4）选择"背景 副本 2"图层，选择"滤镜"丨"模糊"丨"高斯模糊"命令，打开"高斯模糊"对话框，如图10-62所示，设置"半径"参数为5像素，单击"确定"按钮完成设置，为图像添加"高斯模糊"滤镜效果，如图10-63所示。

图10-62 "高斯模糊"对话框

图10-63 高斯模糊效果

（5）参照图10-64所示，为"背景 副本 2"图层设置"不透明度"参数为40%，设置总体不透明度，得到图10-65所示效果。

图10-64　"不透明度"设置

图10-65　设置总体不透明度的效果

（6）单击"调整"调板中的"创建新的曲线调整图层" 按钮，切换到"曲线"调板，参照图10-66所示设置曲线，调整图像亮度，得到图10-67所示效果。

图10-66　设置曲线

图10-67　调整图像亮度

（7）同样在"调整"调板中，单击"创建新的色相/饱和度调整图层" 按钮，切换到"色相/饱和度"调板，参照图10-68、图10-69所示设置其参数，调整图像颜色，得到图10-70所示效果。

图10-68　设置颜色

图10-69　设置红通道颜色

图10-70　调整图像颜色

（8）参照图10-71、图10-72所示，为"组 1"图层组添加图层蒙版，并使用"画笔"工具 修饰人物五官部位的图像。

图10-71 添加图层蒙版

图10-72 修饰图像

## 10.4 实例：制作个性照片（应用彩色半调滤镜）

彩色半调滤镜会使图像看上去好像是由大量半色调点构成的，其工作原理是：Photoshop将图像划分为矩形栅格，然后将像素填入每个矩形栅格中模仿半色调点。下面将通过制作个性照片实例，讲解如何应用彩色半调滤镜，完成效果如图10-73所示。

图10-73 完成效果

**应用彩色半调效果**

（1）打开配套资料\Chapter-10\"人物素材.jpg"文件，然后复制"背景"图层为"背景 副本"，如图10-74、图10-75所示。

图10-74 复制图层

图10-75 素材图像

（2）按快捷键Ctrl+Alt+C，打开"画布大小"对话框，参照图10-76所示设置参数，调整画布大小，并为背景填充绿色（C：85、M：40、Y：62、K：1），效果如图10-77所示。

（3）选择"图像"|"调整"|"阴影/高光"命令，打开"阴影/高光"对话框，如图10-78所示，单击"确定"按钮完成设置，调整图像亮度，效果如图10-79所示。

（4）新建"路径 1"，使用"圆角矩形"工具，在视图中绘制路径，并调整路径旋转角度，如图10-80所示。

图10-76 调整画布大小

图10-77　为背景设置颜色

图10-78　"阴影/高光"对话框

图10-79　调整图像亮度

图10-80　绘制路径

（5）按快捷键Ctrl+Enter，将路径转换为选区。

（6）选择"背景 副本"图层，单击"添加图层蒙版" 按钮，为该图层添加图层蒙版，"图层"调板中的情况如图10-81所示，添加蒙版的效果如图10-82所示。

图10-81　添加图层蒙版

图10-82　添加蒙版效果

（7）单击"添加图层样式" _fx._ 按钮，在弹出的快捷菜单中选择"外发光"命令，打开"图层样式"对话框，参照图10-83所示设置对话框参数，为图像添加外发光效果，如图10-84所示。

（8）按住键盘上的Ctrl键单击"背景 副本"图层蒙版缩览图，将其载入选区。单击"调整"调板中"创建新的曲线调整图层" 按钮，切换到"曲线"调板，参照图10-85所示设置曲线，调整图像亮度，得到图10-86所示效果。

（9）单击"图层"调板底部的"创建新的填充或调整图层" 按钮，在弹出的快捷菜单中选择"渐变"命令，打开"渐变填充"对话框，参照图10-87所示设置参数，单击"确定"按钮，关闭对话框，为图像添加渐变填充效果，如图10-88所示。

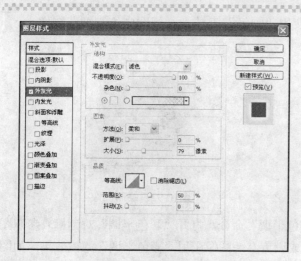

图10-83　"图层样式"对话框

图10-84　添加外发光效果

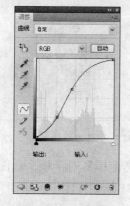

图10-85　设置曲线

图10-86　调整图像亮度

图10-87　"渐变填充"对话框

图10-88　添加渐变填充效果

（10）右击"渐变填充 1"图层右侧空白处，在弹出的快捷菜单中选择"栅格化图层"命令，将调整图层转换为普通图层，如图10-89所示，然后该图层的图层蒙版删除，如图10-90所示。

图10-89　栅格化图层

图10-90　删除图层蒙版

（11）参照图10-91、图10-92所示，使用"画笔"工具 ✐在视图中绘制细节图像。

图10-91　"图层"调板

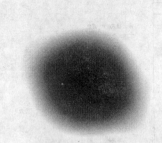

图10-92　绘制图像

（12）选择"滤镜" | "像素化" | "彩色半调"命令，打开"彩色半调"对话框，参照图10-93所示设置参数，单击"确定"按钮完成设置，为图像应用"彩色半调"滤镜效果，如图10-94所示。

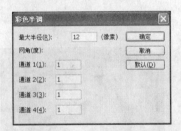

图10-93　"彩色半调"对话框

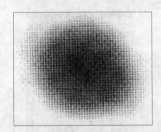

图10-94　应用"彩色半调"滤镜效果

（13）选择"选择" | "色彩范围"命令，打开"色彩范围"对话框，如图10-95所示，设置"颜色容差"参数为200，并使用"添加到取样" ✐工具在视图中单击白色区域，然后单击"确定"按钮完成设置，得到图10-96所示选区。

图10-95　"色彩范围"对话框

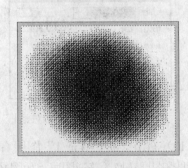

图10-96　选区效果

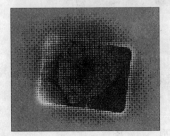

图10-97　通过拷贝图像的效果

（14）按快捷键Ctrl+Shift+I，反转选区。然后按快捷键Ctrl+J，将选区内的图像拷贝并粘贴到新建的图层中，如图10-97所示并删除"渐变填充 1"图层，如图10-98所示。

（15）选择"图像" | "调整" | "色相/饱和度"命令，打开"色相/饱和度"对话框，如图10-99所示，设置对话框中的参数，调整图像颜色，效果如图10-100所示。

图10-98　删除图层

图10-99　"色相/饱和度"对话框

（16）按快捷键Ctrl+T，调整图像大小，如图10-101所示。

图10-100　调整图像颜色的效果

图10-101　调整图像大小

（17）按住键盘上的Ctrl键单击"曲线 1"图层蒙版缩览图，将其载入选区。反转选区，单击"添加图层蒙版" 🔲 按钮，为"图层 1"添加图层蒙版，如图10-102所示，效果如图10-103所示。

图10-102　添加图层蒙版

图10-103　应用蒙版效果

（18）按住键盘上的Ctrl键单击"曲线 1"图层蒙版缩览图，将其载入选区。选择"选择"|"变换选区"命令，调整选区大小，如图10-104所示。

（19）保留选区，配合键盘上的Ctrl+Shift组合键单击"图层 1"图层蒙版缩览图，修剪选区，得到图10-105所示效果。

（20）按快捷键Ctrl+J，将选区内的图像复制并粘贴到新建的图层中，如图10-106、图10-107所示。

图10-104　调整选区大小

（21）单击"添加图层样式" fx. 按钮，在弹出的快捷菜单中选择"渐变叠加"命令，打开"图层样式"对话框，参照图10-108所示设置参数，单击"确定"按钮完成设置，为图像添加渐变叠加效果。

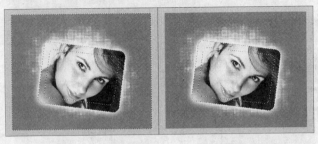

图10-105　修剪选区

图10-106　新建图层

图10-107　复制的图像

（22）参照图10-109所示，使用"橡皮擦"工具 擦除嘴角区域的部分图像。

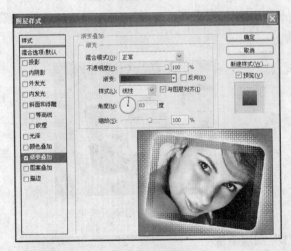

图10-108　设置"渐变叠加"参数

图10-109　擦除图像

图10-110　素材图像

（23）打开配套资料\Chapter-10\"纹理.jpg"文件，如图10-110所示。然后使用"魔棒"工具 选取黑色区域，并拖动选区内的图像到正在编辑的文档中。

（24）参照图10-111所示，配合快捷键Ctrl+T，调整大小与位置。

（25）选择"图像"|"调整"|"色相/饱和度"命令，打开"色相/饱和度"对话框，如图10-112所示，设置对话框中的参数，调整图像颜色，效果如图10-113所示。

图10-111 调整图像

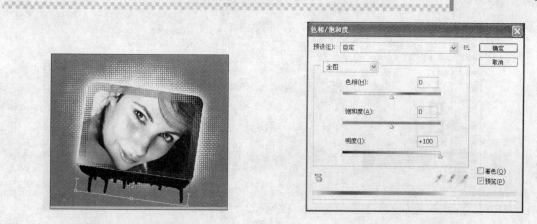

图10-112 "色相/饱和度"对话框

（26）打开配套资料\Chapter-10\"背景纹理.jpg"文件，如图10-114所示，然后拖动素材图像到正在编辑的文档中。

图10-113 调整图像颜色

图10-114 素材图像

（27）参照图10-115、图10-116所示，使用键盘上的Alt键复制"图层 4"得到"图层 4副本"，并调整图像大小与位置，制作背景效果。

图10-115 复制图像

图10-116 调整图像

（28）按快捷键Ctrl+E，将图层合并，如图10-117所示。然后设置"图层 4"的混合模式为"正片叠底"，并设置"不透明度"参数为30%，如图10-118所示。

（29）选择"图层 2"，单击"调整"调板中的"创建新的曲线调整图层" ⟋ 按钮，切换到"曲线"调板，参照图10-119所示设置曲线，调整图像亮度，得到如图10-120所示效果。

图10-117　合并图层

图10-118　设置混合模式

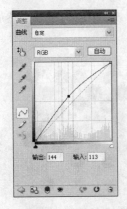

图10-119　设置曲线

图10-120　调整图像亮度

## 10.5　智能滤镜

在Photoshop CS4中，智能滤镜可以在不破坏图像本身像素的前提下为图层添加滤镜效果。

### 1. 创建智能滤镜

"图层"调板中的普通图层应用滤镜后，原来的图像将会被取代，"图层"调板中的智能对象可以直接将滤镜添加到图像中，但是不破坏本身的像素。选择"滤镜"|"转换为智能滤镜"命令，会弹出如图10-121所示的提示对话框，单击"确定"按钮，就可以将当前图层转换为智能对象图层，再执行相应的滤镜命令，就会在"图层"调板中观察到该滤镜显示了在智能滤镜的下方，如图10-122所示。

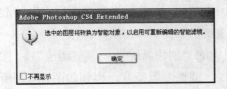

图10-121　提示对话框

图10-122　显示的滤镜

2. 编辑智能滤镜混合选项

在"图层"调板中右击所应用的滤镜名称，在弹出的菜单中选择"编辑智能滤镜混合选项"命令，或者双击滤镜名称右侧的 ![图标] 按钮，即可打开"混合选项"对话框，用户在该对话框中可以设置滤镜在图层中的混合模式和不透明度，如图10-123所示。

 提示 创建智能滤镜后，"图层"菜单中的"智能滤镜"命令会被激活，选择对应的选项后，可以对智能滤镜进行相应的编辑，如图10-124所示。

图10-123 "混合选项"对话框

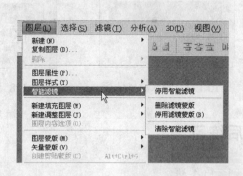

图10-124 "图层"菜单中的"智能滤镜"命令

3. 停用/启用智能滤镜

在"图层"调板中应用智能滤镜后，选择"图层"|"智能滤镜"|"停用智能滤镜"命令，即可将当前使用的智能滤镜效果隐藏，以使图像还原到使用滤镜前的状态，如图10-125所示。此时，"智能滤镜"子菜单中的"停用智能滤镜"命令会变成"启用智能滤镜"命令，执行该命令即可启用智能滤镜，如图10-126所示。

图10-125 停用智能滤镜

图10-126 "智能滤镜"子菜单

 提示 在"图层"调板中"智能滤镜"前面的小眼睛位置单击，可以将智能滤镜在停用与启用两种状态之间切换。

4. 删除/添加滤镜蒙版

选择"图层"|"智能滤镜"|"删除滤镜蒙版"命令，即可将智能滤镜中的蒙版从"图层"调板中删除，如图10-127所示。此时"智能滤镜"子菜单中的"删除滤镜蒙版"命令将转换为"添加滤镜蒙版"命令，执行该命令就可以添加滤镜蒙版。

5. 停用/启用滤镜蒙版

选择"图层"|"智能滤镜"|"停用滤镜蒙版"命令，即可将智能滤镜中的蒙版停用，此时，蒙版缩览图上会出现一个红叉，如图10-128所示。应用"停用滤镜蒙版"命令后，"智

能滤镜"子菜单中的"停用滤镜蒙版"命令会转换为"启用滤镜蒙版"命令，执行该命令，就可以重新启用蒙版。

### 6. 清除智能滤镜

选择"图层"|"智能滤镜"|"清除智能滤镜"命令，即可将应用的智能滤镜从"图层"调板中删除，如图10-129所示。

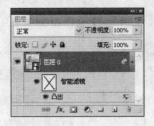

图10-127　删除滤镜蒙版　　　　图10-128　停用滤镜蒙版　　　　图10-129　清除智能滤镜

# 课后练习

### 1. 简答题

（1）怎么渐隐滤镜效果？

（2）如何使用快捷键重复使用同一个滤镜？

（3）是否可以为图像中的一部分使用滤镜？

（4）使用"彩色半调"滤镜可以产生什么效果？

（5）如何应用智能滤镜？

### 2. 操作题

（1）制作玻璃容器，效果如图10-130所示。

图10-130　制作流程图

要求：

①具备一幅非玻璃质感容器的图像。

②使用"快速选择"工具 ✎ 选取容器图像并保存选区。

③使用"画笔"工具 ✎ 大致绘制出透过玻璃会显现出的部分，然后载入先前保存的选区。

④通过选择"滤镜"|"扭曲"|"玻璃"命令，为选区中的图像添加玻璃滤镜效果。

（2）制作素描效果，效果如图10-131所示。

图10-131 调整图像

要求：

①具备一幅水果图像。

②在"图层"调板中复制图像，执行"去色"命令，然后复制"背景副本"图层，使用"最大值"滤镜，设置"半径"参数为2。

③对"背景副本 2"图层执行"反相"命令，并设置混合模式为"线性减淡"。

④向下合并图层，然后复制合并后的图层，设置混合模式为"线性加深"即可。

第11课

# 动作和任务自动化

## 本课知识结构

Photoshop中的动作和任务自动化功能是提高工作效率和简化劳动强度的一种非常实用的功能。它们可以将烦琐的操作步骤融合在一个命令中，只要执行该命令，Photoshop会自动执行操作完成工作，这样可以节省大量的时间。这些功能包括动作、"批处理"命令、"Web照片画廊"命令与"PDF演讲文稿"命令等，本章将对这些知识进行详细的讲解。

## 就业达标要求

☆ 掌握如何使用"动作"调板　　　　☆ 掌握如何使用批处理功能

☆ 掌握条件模式更改的应用　　　　☆ 掌握"限制图像"自动化工具

☆ 掌握Photomerge功能　　　　　　☆ 掌握裁剪并修齐照片的方法

## 11.1　实例：字效（使用动作）

需要重复执行的Photoshop任务都可以作为动作记录下来。创建新动作时，Photoshop会记录所采用的每一个步骤，包括图像大小的变动、颜色调整和对话框中的参数变更等，但是Photoshop不会记录所有内容，有些菜单命令是无法被记录的，如使用"页面设置"命令创建一个动作，这个步骤就不会记录下来。可以使用"动作"调板弹出菜单的"插入菜单项目"命令，将该步骤插入到"动作"调板中。

下面将通过制作如图11-1所示的字效图像，向大家讲解"动作"调板的具体使用方法。

### 1. 录制与播放动作

要将一系列的操作和命令作为动作使用，必须首先将其录制下来。

（1）打开配套资料\Chapter-11\"文字.psd"文件，如图11-2所示。

图11-1　完成效果

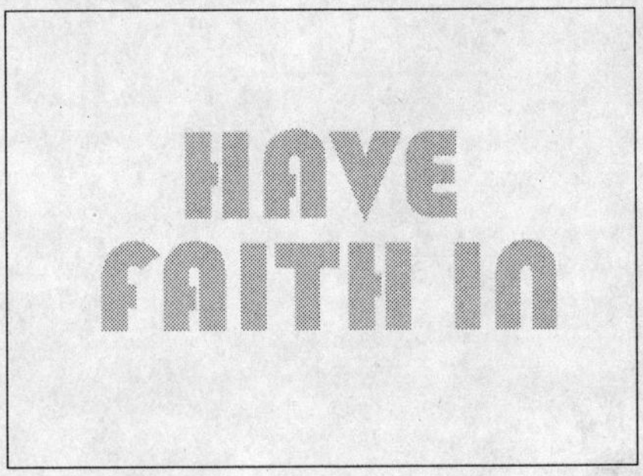

图11-2　素材图像

（2）选择"窗口"|"动作"命令，打开"动作"调板。

（3）选择"have"图层，参照图11-3底部方框标示处，单击"动作"调板底部的"创建新动作" 按钮，打开"新建动作"对话框，如图11-4所示，设置对话框中的参数。

图11-3 "动作"调板　　　　　　　　　　　图11-4 "新建动作"对话框

"动作"调板中细列出了所有载入的可用动作，其中调板中各部分的功能如下所示：

· 动作组：包含了一组动作的集合，其中包括一系列的相关动作。Photoshop在保存和载入动作时都以组为单位。

· "切换项目开/关"：可以控制执行或是屏蔽此命令，当屏蔽对应的命令时，可在播放动作时使其不被执行。如果当前动作中有一部分命令被屏蔽，该按钮将显示为红色。

· "切换对话开/关"：若动作中的命令显示 标记，表示在执行该命令时会弹出对话框以供设置参数。

（4）完成设置后，单击"确定"按钮，关闭对话框，新建"水晶文字"动作，即可开始动作记录，如图11-5所示。

（5）参照图11-6至图11-9所示，在"图层样式"对话框中设置其参数。

图11-5 新建动作　　　　　　　　　　　图11-6 设置投影效果

（6）完成设置后，单击"确定"按钮，关闭对话框，为图像添加图层样式，填加后"图层"调板如图11-10所示，效果如图11-11所示。

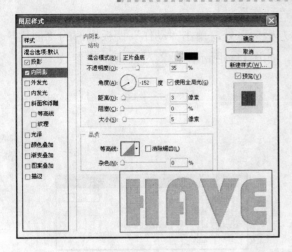

图11-7　设置内阴影效果　　　　　　　　图11-8　设置内发光效果

图11-9　设置渐变叠加效果

图11-10　"图层"调板

（7）单击"动作"调板底部的"停止播放/记录" ■ 按钮，完成动作的录制，如图11-12所示。

图11-11　应用图层样式效果

图11-12　完成动作的录制

（8）选择"in"图层，保持"动作"调板内"水晶文字"动作为选定状态，单击"动作"调板底部的"播放选定的动作" ▶ 按钮，为图形添加图层样式，如图11-13和图11-14所示。

图11-13　"动作"调板

图11-14　添加图层样式

**注意**　"动作"调板不能记录所有的鼠标移动操作。例如，不能记录用画笔工具以及铅笔工具等描绘的动作。不过"动作"调板可以记录用文字工具输入的内容、用直线工具绘制的图形以及用油漆桶工具进行的填充。

动作记录完成后，可以在"动作"调板中通过双击动作的名称重新命名。在调板中列出的每个"动作"都由一系列的Photoshop命令所组成，允许在一个动作中编辑不同的命令、将命令序列存盘，以及将某一动作应用到文件夹的所有文件中。

"动作"调板的显示分为列表模式和按钮模式。列表模式是软件默认的模式，在该模式中可以使用所有调板命令。单击调板底部的按钮，就可以记录新动作、重放和停止动作、创建新组（或文件夹）和删除动作，也可以在"动作"调板弹出菜单中选择命令。在列表模式下，不仅可以在调板中看到不同的动作，还可以看到执行该动作时运行的Photoshop命令，要查看这些命令，单击动作名左侧的三角形▷即可。

单击"动作"调板右上角的调板按钮 ，在弹出的菜单中选择"按钮模式"后，"动作"调板的显示就会切换为按钮模式，在该菜单命令旁显示复选标记，此时只能播放动作。单击调板中的任一按钮即可播放一个动作，如图11-15所示。再次选择"按钮模式"命令即可关闭按钮模式，复选标记被删除，同时"动作"调板显示恢复到列表模式。

图11-15　按钮模式下的"动作"调板

### 2. 修改动作

记录完动作后，可查看并编辑已记录的命令列表，看看是否所有要执行的步骤都已记录在内。记录动作时，步骤列表会显示在该动作的下方。

- 如果需要查看动作，可单击动作旁边的向右的箭头，将所有的步骤显示出来，此时动作旁边的箭头会变成向下。如果需要隐藏动作列表，再次单击动作旁边的箭头，向下箭头会变为向右箭头。
- 要查看记录动作时所使用的对话框命令设置，可单击动作中某个步骤旁边的向右箭头，使其变成向下的箭头。如果需要隐藏对话框命令设置，再次单击步骤旁边的箭头，向下箭头会变为向右箭头。

• 如果需要重新编辑一个动作，只要双击它就可以进行重新编辑。

（1）参照图11-16所示，双击"水晶文字"下录制的动作，打开"图层样式"对话框，参照图11-17、图11-18所示，设置对话框中的参数。

图11-16　"动作"调板

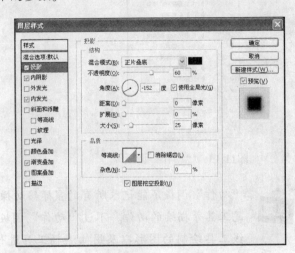

图11-17　设置"投影"效果

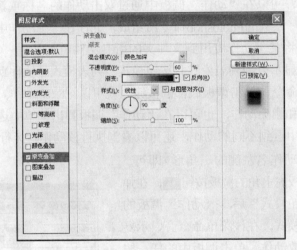

图11-18　设置"渐变叠加"效果

（2）完成设置后，单击"确定"按钮，关闭对话框，可发现当前图层的效果也发生了改变，如图11-19所示。

图11-19　动作编辑的效果

（3）选择"faith"图层，单击"动作"调板底部的"播放当前的动作" ▶ 按钮，如图11-20所示。这时会打开"图层样式"对话框，单击"确定"按钮，关闭对话框，为图像添加图层样式，如图11-21所示。

图11-20 "动作"调板

图11-21 应用动作效果

## 11.2 编辑动作

了解了录制动作的大致操作后，再来看一下在动作录制过程中的一些细节问题，例如如何最大限度地将操作添加到动作中，以及如何调整已有的动作等。

### 1．设置记录对话框

当记录一个对话框命令时，Photoshop也会记录其中的设置，如果用户希望在对话框中输入自己的选择，"动作"调板可以使动作暂停以使用户能够改变对话框中的设置。例如，记录一个"存储为"命令，在运行该动作时，用户希望能够输入新的文件名。

包含对话框命令的动作可由该命令左侧的"切换对话开/关" ▢ 按钮表示。如果要暂停该动作，以便用户在对话框中输入，可以单击"切换对话开/关" ▢ 按钮。单击后，按钮变成黑色的 ▢ 样式。动作名称旁边的红色 ▢ 按钮表示该动作中至少选择了使一个对话框暂停，但不是全部。如果所有对话框都选择了暂停，动作名称左侧的 ▢ 按钮就是黑色的。

### 2．插入菜单项目

"动作"调板不能记录每个Photoshop菜单命令。利用"插入菜单项目"命令就可以将大多数菜单命令插入到动作中。

（1）在动作列表中单击需要加入的菜单命令前面的命令，效果如图11-22所示。

（2）在"动作"调板弹出菜单中选择"插入菜单项目"命令，弹出"插入菜单项目"对话框，如图11-23所示。

图11-22 选中"动作"调板中的命令

图11-23 "插入菜单项目"对话框

（3）不要关闭"插入菜单项目"对话框，然后使用鼠标选择需要在此处插入的菜单命令，如选择"图像"|"自动颜色"命令，"菜单项"位置会出现选择的菜单命令，如图11-24所示。

（4）单击"确定"按钮后返回到"动作"调板，插入的菜单命令就会出现在所选命令的后面，如图11-25所示。

图11-24　"插入菜单项目"对话框中的变化

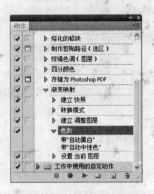

图11-25　插入的命令

### 3. 插入路径

使用"插入路径"命令可以将路径的创建过程插入到动作中。在记录时，使用该功能的最简单方法是创建路径后，立即从"动作"调板弹出菜单中选择"插入路径"命令。如果要将路径插入到以前已有的动作中，需要首先在"动作"调板中选择需要在其后面插入路径的动作步骤，然后在"路径"调板中选择该路径，选择"动作"调板弹出菜单中的"插入路径"命令，在所选择动作步骤的后面就会出现"设置工作路径"动作。

### 4. 录制提示信息

"动作"调板的"插入停止"命令允许将"停止"警告信息添加到屏幕上。当显示停止警告时，还可以添加一个"继续"按钮。如果图像看起来很正常，可单击"继续"按钮继续进行。若要在动作中插入"停止"警告，首先还是应在"动作"调板中选择需要加入"停止"

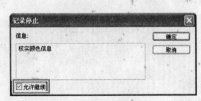

图11-26　"记录停止"对话框

命令动作前面的动作步骤，选择"动作"调板弹出菜单中的"插入停止"命令，弹出"记录停止"对话框，在"信息"文本框内输入一条消息，如果希望在动作停止后允许用户继续执行，可选中"允许继续"复选框，如图11-26所示。单击"确定"按钮后，选择的动作步骤后面便加入了"停止"动作。

### 5. 再次记录

选择"动作"调板弹出菜单中的"再次记录"命令，可将动作重新记录，记录时仍以动作中原有的命令为基础，但会打开相应对话框，让用户重新设置对话框中的参数。如果用户仅需要更改动作中某个命令的执行参数，则可直接在动作中双击该命令。

### 6. 管理动作

在"动作"调板中，将命令拖移至同一动作中或另一动作中的新位置，可以重新排列动作中命令的位置。若要创建的动作类似于某个动作，则不需要重新记录；只需选择该动作或动作中的命令后，单击调板弹出菜单中的"复制"命令或拖动该动作至调板上的"创建新动作"  按钮即可完成复制。

> 技巧　在"动作"调板中，按住Alt键拖动某一个动作或命令，可快速复制动作或命令。

**7. 动作的存储和删除**

如果创建了不同的动作，可以将动作存储到磁盘上，需要时再加载它们。

（1）选择"默认动作"动作组，如图11-27所示，单击"动作"调板右上角的 按钮，在弹出的快捷菜单中选择"存储动作"命令，打开"存储"对话框，如图11-28所示，选择一个保存动作的路径，单击"保存"按钮，即可将该动作保存。

图11-27　"动作"调板

图11-28　"存储"对话框

（2）参照图11-29所示，拖动"默认动作"动作组到"删除" 按钮处，释放鼠标后，将该动作删除，如图11-30所示。

图11-29　拖动动作组

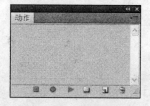

图11-30　删除动作

- 载入动作：要在"动作"调板中添加动作，可从该调板弹出菜单中选择"载入动作"命令，在所显示的对话框中选择要加载的动作并单击"载入"按钮。加载的这组动作就会添加到"动作"调板已有的动作中。
- 复位动作：要使"动作"调板恢复原状，可从"动作"调板弹出菜单中选择"复位动作"命令。
- 替换动作：要用一套存在磁盘上的动作取代调板上的动作，可在"动作"调板弹出菜单中选择"替换动作"。
- 清除动作：如果要从"动作"调板中删除一个动作，可选择它并单击删除按钮 ，或者从"动作"调板弹出菜单中选择"清除动作"命令。

## 11.3　实例：批量改动照片的尺寸（使用批处理功能）

批处理就是将一个指定的动作应用于某文件夹下的所有图像。例如，要将某个文件夹下的所有图像文件全部转换为指定大小或图像格式，方法是在"批处理"对话框中选择动作和动作所在的序列。

下面将通过调整多张照片尺寸的操作，来详细讲解批处理功能的使用方法。

#### 1．录制动作

（1）打开配套资料\Chapter-11\"风景图"\"01.jpg"文件，如图11-31所示。

（2）在"动作"调板中单击"创建新动作" ⬛ 按钮，打开"新建动作"对话框，修改名称后，单击"记录"按钮，关闭对话框，开始录制动作，如图11-32所示。

图11-31　素材文件

图11-32　新建动作

图11-33　"图像大小"对话框

（3）选择"图像"|"图像大小"命令，打开"图像大小"对话框，取消"重定图像像素"复选框的选择，并将"分辨率"设置为300像素/英寸，如图11-33所示，关闭对话框。

（4）将打开的图像素材保存并关闭，单击"动作"调板底部的"停止播放/记录" ⬛ 按钮，完成动作的录制。

#### 2．执行批处理任务

（1）执行"文件"|"自动"|"批处理"命令，打开如图11-34所示的对话框。

 当刚刚录制完一个动作后马上打开"批处理"对话框，批处理操作默认的就是刚刚录制的任务。

对话框中的"播放"、"源"与"目标"选项卡中的选项以及含义如下所示。

- 组：选择批处理使用的动作组。
- 动作：选择批处理使用的动作组中的动作命令。
- 覆盖动作中的"打开"命令：覆盖引用特定文件名（而非批处理的文件）的动作中的"打开"命令。如果记录的动作是在打开的文件上操作的，或者动作包含它所需的特定文件的"打开"命令，则取消选择"覆盖动作中的'打开'命令"。如果选择此选项，则动作必须包含一个"打开"命令，否则源文件将不会打开。

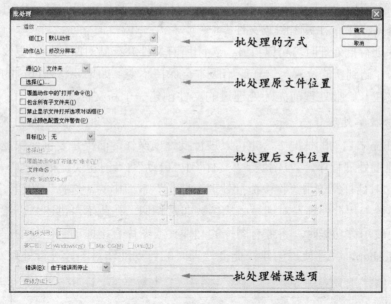

图11-34　"批处理"对话框

- 包含所有子文件夹：处理指定文件夹的子目录中的文件。
- 禁止显示文件打开选项对话框：隐藏"文件打开选项"对话框。当对原始图像文件的动作进行批处理操作时，这是很有用的。
- 禁止颜色配置文件警告：关闭颜色方案信息的显示。
- 无：使文件保持打开而不存储更改（除非动作包括"存储"命令）。
- 存储并关闭：将文件存储在它们的当前位置，并覆盖原来的文件。
- 文件夹：将处理过的文件存储到另一位置。单击"选取"按钮可以指定目标文件夹。

　　（2）在"批处理"对话框中，单击"源"选项组下的"选择"按钮，从弹出的菜单中找到需要批量处理图像大小的文件，如图11-35所示。

图11-35　单击"选择"按钮

（3）设置完毕后单击"确定"按钮，关闭对话框，软件会自动打开指定文件夹内的图像，修改分辨率、保存并关闭图像文件。

当对文件进行批处理时，可以打开、关闭所有文件并存储对原文件的更改，或者将修改后的文件版本存储到新的位置，这样原始版本会保持不变。如果要将处理过的文件存储到新位置，则应该在开始批处理前先为处理过的文件创建一个新文件夹。

### 3. 创建快捷批处理程序

在Photoshop未启动的情况下，也可以进行批处理操作，前提是要创建快捷批处理程序。

创建快捷批处理程序，首先执行"文件"|"自动"|"创建快捷批处理"命令，打开如图11-36所示的对话框。单击"将快捷批处理存储于"下面中的"选择"按钮，指定存储的位置，其余的参数与"批处理"对话框中的参数非常相似，在此不再讲述。设置完毕后关闭对话框。当需要使用该功能时，将带有图片的文件夹或图片直接拖动到创建的程序图标上，将自动运行Photoshop，并且使用创建快捷批处理时的自动动作对图像进行处理。

图11-36    "创建快捷批处理"对话框

 由于动作是"批处理"和"创建快捷批处理"命令的基础，因此在创建快捷批处理之前，必须在"动作"调板中创建所需的动作。

## 11.4    条件模式更改的应用

如果要更改图像模式，选择"文件"|"自动"|"条件模式更改"命令，在弹出的"条件模式更改"对话框中可以改变图像模式。可以把一组图像转换为RGB模式，但是不能改变索引色模式的图像。"条件模式更改"命令也可以用于带有批处理选项的动作中，用来打开文件夹中的所有文件，然后将它们转换为索引色或RGB模式。如果有必要，可以在动作内使用"条件模式更改"命令转换图像模式。比如需要使用"镜头光晕"滤镜作为动作的一部分，但这种滤镜只能用于RGB图像，所以首先要将图像转换为RGB模式。这样，就可以避免无法使用滤镜的错误。

## 11.5 限制图像的应用

"限制图像"自动化工具可以用来改变图像大小，其大小以像素为衡量单位。在转换过程中将保持原图像的纵横比。该命令可以与批处理选项合用，用于制作图像集合的缩略图，或者将文件夹中的图像都改变为同一大小。应用时选择"文件"|"自动"|"限制图像"命令即可。

## 11.6 实例：拼合全景照片（使用Photomerge功能）

使用"Photomerge"命令可以将使用照相机在同一水平线拍摄的序列照片进行合成，该命令能自动重叠相同的色彩像素，也可以由用户来指定源文件的组合位置，随后系统会自动将它们汇集为全景图。全景图完成之后，仍然可以根据需要更改个别照片的位置。Photoshop CS4版本中的"Photomerge"命令比之前的版本优化了很多，它几乎可以完美地将多张相同景物在不同位置拍摄的照片拼合在一起，精细到一些线条也可以拼合得几乎看不出来。

下面将通过拼合三张鸟巢的照片来讲解"Photomerge"命令的使用方法。

（1）打开配套资料\Chapter-11\"DSC05501~DSC05503.jpg"文件，如图11-37所示。因为被摄静物很大，所以分三次拍摄下来，以方便后期拼合制作。

图11-37 原始照片

（2）选择"文件"|"自动"|"Photomerge"命令，打开"Photomerge"对话框，首先单击"添加打开的文件"按钮，将已经打开的三张照片图像添加到对话框中，然后单击左侧的"调整位置"单选按钮，如图11-38所示。

（3）设置完毕后单击"确定"按钮，关闭对话框，软件会自动对每张照片进行检测和处理，并自动生成一张新的拼合图片"未标题_全景图1"文档，如图11-39所示。

（4）新建图层，选择工具箱中的"仿制图章" 🖳工具，参照图11-40中选项栏的设置，在天空上取样，在新文档的天空位置进行编辑，将左右两侧的空白填补。

（5）选择工具箱中的"裁剪" 🖳工具对图像进行裁切操作，将左下侧的空白裁切掉，效果如图11-41所示。

"Photomerge"对话框内选项的含义如下所示：

· 版面：用来设置转换为前景图片时的模式。

· 使用：在其下拉菜单中可以选择"文件"和"文件夹"选项。选择"文件"选项时，可以直接将选择的两个以上的文件拼合为一张图像；选择"文件夹"时，可以直接将文件夹内的文件拼合为一张图像。

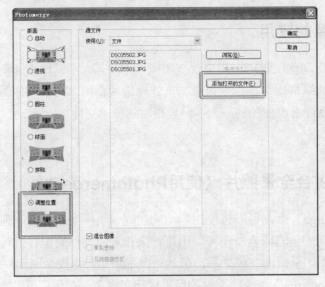

图11-38　"Photomerge"对话框

图11-39　自动拼合照片

图11-40　使用"仿制图章"工具修复图像

- 混合图像：选择该复选框，在拼合图像时会直接套用混合图像蒙版。
- 晕影去除：选择该复选框，可以校正摄影时镜头中的晕影效果。
- 几何扭曲校正：可以校正摄影时镜头中的几何扭曲效果。
- 浏览：用来选择合成全景图像的文件或文件夹。
- 移除：选中对话框中已打开的图像文件，单击该按钮，可删除选中的文件。
- 添加打开的文件：可以将软件中打开的文件直接添加到对话框的列表中，没有合并图层的图像文件不能被打开。

图11-41　裁切图像

在"Photomerge"对话框中不能打开没有合并图层的图像文件。

## 11.7　裁剪并修齐照片

如果在扫描图片时扫描了多张图片，可以使用"文件"|"自动"|"裁剪并修齐照片"命令，将部分图片从整体图像中分割出来，并生成单独的图像文件。为了获得最佳结果，应该在要扫描的图像之间保持1/8英寸的间距。

## 课后练习

1. 简答题

（1）如何录制与播放动作？

（2）如何修改动作？

（3）如何再次记录动作？

（4）如何批处理图像，前提是什么？

（5）怎样拼贴全景照片？

2. 操作题

（1）创建拼缀图效果，如图11-42所示。

图11-42　拼缀图效果

要求：

①在"动作"调板中单击"创建新动作" 🔲 按钮，新建名称为"拼缀图"的新动作。

②打开任意一幅图像，选择"滤镜" | "纹理" | "拼缀图"命令，在默认参数下单击"确定"按钮，完成动作录制。

③再打开一幅图像，在"动作"调板中单击"播放选定的动作" ▶ 按钮，为该图像自动创建拼缀图效果。

（2）为图像添加装饰文字，效果如图11-43所示。

图11-43　添加装饰文字

要求：

①新建一个文档，在"动作"调板中新建一个动作。

②输入文字，设置图层样式，然后停止动作录制。

③打开一幅与文字含义相符合的图像，设置其分辨率与所创建文档相同。

④播放选定的动作，Photoshop将自动创建出设置好的文字效果。

# 制作网页图像、动画和3D文件

**本课知识结构**

  网页和动画制作在现今的多媒体制作领域是非常炙手可热的项目，在Photoshop中也可以完成这些操作。在该软件中可以创建用于网络的图像，也可以制作一些简单的动画效果，甚至它可以支持max文件，能创建和编辑3D图形。

  本课就将向大家讲解制作网页图像、动画和立体图像的相关知识，并以实例的方式生动、形象地加以展现，希望读者通过本课的学习，可以对制作网页图像、动画和立体图像有一个更为深入的了解，并在日后学以致用。

**就业达标要求**

  ☆ 掌握如何设置与存储网络图像   ☆ 掌握如何创建并编辑逐帧动画
  ☆ 掌握如何制作过渡动画帧    ☆ 了解时间轴动画图像的制作过程
  ☆ 了解如何创建3D文件

## 12.1　设置与存储网络图像

  用户输出图像到Web或多媒体上时，要保证以正确的分辨率生成图像。如果图像分辨率高，图像文件的大小也会增加，这就意味着需要花更长的时间把图像下载到Web浏览器，以及更长的时间重新显示到屏幕上，这会导致浏览者在观察Web站点或多媒体产品时费时费力。

  1. Web文件格式

  图像转换为Web或多媒体文件格式的方式决定了它们出现在Web和多媒体作品中的质量。在转换文件格式之前，许多多媒体制作者习惯将图像中的颜色减少以缩小文件大小，并且保证这些图像可以在仅显示256种颜色的系统上观看。输出图像到Web上时，通常使用GIF、JPEG和PNG格式。这几种文件格式在第1课中都已经进行了详细说明，在本课中主要强调一下它们在网络应用中的区别。

  JPEG、GIF和PNG文件格式都用于压缩的图像。假定原图像为一个8位图像时，对照片来说，GIF和PNG-8格式的许多损耗会出现在从24位图像至8位或更低格式的转换中。在获得8位格式后，创建一个GIF或PNG-8将会压缩该图像，但当在另一终端解压缩时，用户会获得相同的8位文件，不会再发生损耗，但照片中主要的损耗已发生在从24位至8位的转换中。对于少于256种颜色的图像，GIF是一个很好的选择，因为该图像可被解压缩为带有其所有颜色的最初状态。

JPEG和PNG-24格式使用的原图像为一个24位图像，在转化过程中会压缩该图像，以使其在磁盘上更小或便于Web传送。当用户在另一端打开它时，将得到一个与原始图像大小相同的24位图像，但质量与原始图像相比将有所下降，这是因为JPEG压缩的缘故。当生成JPEG文件时，选择的压缩量越多，压缩的文件就越小，但当重新打开它时，质量也就越低。PNG-24格式是无损压缩，但压缩后的文件要比JPEG压缩的文件大一些。

JPEG格式一般来说最适合于压缩24位彩色照片，而GIF格式一般最适合于压缩图形。当使用JPEG格式压缩图形时，解压缩的文件通常不像原始图像那样清晰。如果想要有完整的256阶透明效果，则必须使用PNG-24格式。它将允许一个慢慢消隐到背景中的图像慢慢消隐到当前Web页上的任何背景中，但并不是所有的浏览器都支持该功能。

2. 存储Web文件

Web存储功能清除了输出GIF、JPEG和PNG图像时产生的多余部分，使图像文件尺寸和视觉质量可达到最佳平衡。使用Web存储功能，还可以使用多种图像模式和图像格式，并对比它们的视觉效果，以达到最佳状态。

在Photoshop中打开一幅将要用在网页中的图像，对图像进行编辑以后，选择"文件"|"存储为Web和设备所用格式"命令，也可直接按Ctrl+Alt+Shift+S快捷键，将会弹出"存储为Web和设备所用格式"对话框，如图12-1所示。

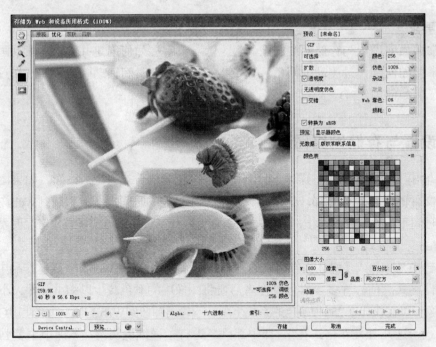

图12-1　"存储为Web和设备所用格式"对话框

如果选择"双联"选项卡，在图像预览区域会显示一幅原始图像和一幅优化后的图像，如图12-2所示；选择"四联"选项卡，在图像预览区域中会显示一幅原始图像和3幅优化后的图像，如图12-3所示。在对话框右侧的设置区域中可以分别对优化图像的各项参数进行设置。

3. 网络图像的设置

用户对处理的图像进行优化后，可以将其应用到网络上，如果在图片中添加了切片，可以对图像的切片区域进行进一步的优化设置，并在网络中进行链接和显示切片设置。

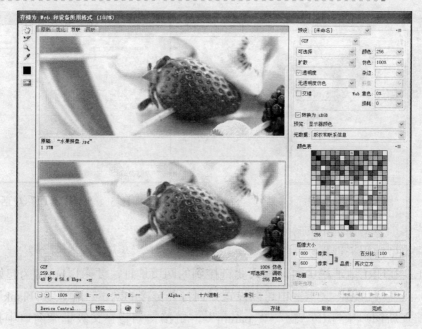

图12-2 "双联"选项卡模式

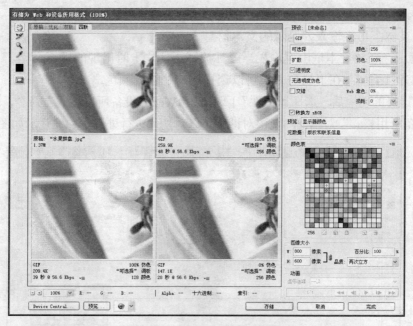

图12-3 "四联"选项卡模式

创建切片可以将图像分成多个小图片，每个小图片都可以被重新优化。创建切片的方法非常简单，只要使用"切片"工具 在打开的图像中按照颜色分布使用鼠标在其上面拖动即可创建切片，如图12-4所示。

创建切片后，将"切片"工具 移动到所创建的切片上，该工具会转换为"切片选择"工具 ，双击切片，会弹出如图12-5所示的"切片选项"对话框，用户可在其中进行各项参数的设置，然后单击"确定"按钮，即可完成切片的编辑。

图12-4　创建切片　　　　　　　　　图12-5　"切片选项"对话框

"切片选项"对话框中的各选项含义如下：

· 切片类型：用来选择切片的类型，包括"图像"、"无图像"和"表"。

· URL：在URL地址栏中可以输入要链接到的网页地址，要求以http://为起始字符。

· 目标：在"目标"文本框中可以设置如何打开链接的网页。输入"_blank"，链接文档将在新窗口中打开；输入"_parent"，链接文档将在父级框架窗口中打开；输入"_self"，链接文档将在当前框架窗口中打开；输入"_top"，链接文档将在当前浏览器窗口中打开。

· 信息文本：用来输入要显示的文本信息。

· Alt标记：在该文本框中可输入当鼠标放置于切片上时出现的提示文字。

· 切片背景类型：在下拉列表中可以选择切片的背景颜色。

设置完选择的切片后，选择"文件"|"存储为Web和设备所用格式"命令，打开"存储为Web和设备所用格式"对话框，在该对话中可以对切片进行进一步的优化，如图12-6所示。

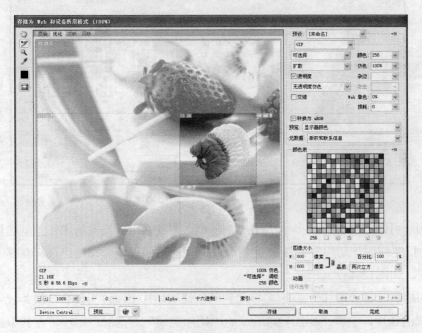

图12-6　"存储为Web和设备所用格式"对话框

**提示** 在"存储为Web和设备所用格式"对话框中，使用"切片选择"工具 ✎ 双击切片，也会弹出"切片选项"对话框。

设置完毕后单击"储存"按钮，打开"将优化结果存储为"对话框，设置保存类型为"HTML和图像"，如图12-7所示。

图12-7 "将优化结果存储为"对话框

设置完毕后单击"保存"按钮，在存储的位置中找到所保存的HTML文件，打开后将鼠标移动到创建的切片所在的位置上时，可以看到鼠标指针下方和窗口左下角会出现该切片的预设信息，如果在切片上单击，就会自动跳转到所设置的网页上。

## 12.2 实例：绚烂的文字（创建帧）

在使用Photoshop CS4制作动画的过程中，创建帧可以说是最基本的操作，也是动画制作的基础，动画就是由一帧一帧的图像所组成的。下面将通过制作绚烂的文字效果讲解如何创建帧。

### 1. 了解动画的工作原理

动画为网页增添了动感和趣味，根据格式不同，网页中的动画大致可分为GIF动画和Flash动画两大类型。在Photoshop CS4中，利用"动画"调板可以轻松地制作出GIF动画，而且可以调整动画的相关属性。

动画的基本原理与电影、电视相同，都是快速显示多幅差别很小的图像，利用视觉暂留效应，使人感到图像是运动的。网页中使用的最基本的动画文件格式为GIF，几乎所有浏览器可以支持这种格式。其他格式的动画还有Flash格式，但需要向浏览器安装插件才能显示。Flash动画是近年来比较流行的网页动画格式，它与GIF动画不同，它是一种矢量动画，文件比较小，下载迅速。由于它的每一幅画面都是矢量的，因而可以任意放大缩小，从而适应浏览者的桌面大小。

### 2. 制作动画

（1）选择"文件"|"打开"命令，打开配套资料\Chapter-12\"蓝色的字.psd"文件，如

图12-8、图12-9所示。

图12-8　"图层"调板　　　　　　　　　　　图12-9　素材图像

（2）为方便接下来的绘制操作，暂时将"图层 2"隐藏。参照图12-10所示，复制"图层 1"得到两个副本图层，配合快捷键Ctrl+T，分别调整副本图像的大小，如图12-11～图12-13所示。

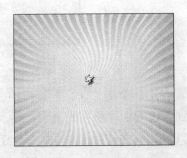

图12-10　复制图像　　　　　　　　　　图12-11　调整图像大小

图12-12　调整副本图像大小　　　　　　　图12-13　再次调整图像

（3）显示隐藏的图层，并复制"图层 2"得到两个副本，如图12-14、图12-15所示。

（4）按快捷键Ctrl+U，打开"色相/饱和度"对话框，如图12-16所示，设置"色相"参数为－120，单击"确定"按钮完成设置，调整图像颜色，效果如图12-17所示。

（5）参照图12-18、图12-19所示，在"图层"调板中隐藏图层，只显示"背景"图层。

（6）选择"窗口"|"动画"命令，打开"动画"调板，如图12-20所示。

（7）参照图12-21所示，在"设置帧延迟时间"下拉列表中选择0.2，即可设置帧延迟的时间，完成第1帧的设置。

图12-14 "图层"调板

图12-15 显示图像

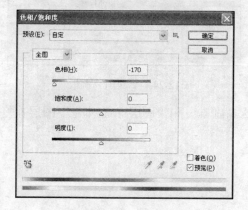

图12-16 "色相/饱和度"对话框

图12-17 调整图像颜色

图12-18 "图层"调板中的显示状态

图12-19 隐藏图层

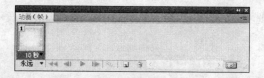

图12-20 "动画"调板

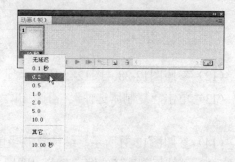

图12-21 设置帧延迟时间

图12-22　复制帧

（8）单击"动画"调板底部的"复制所选帧" 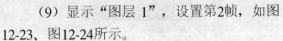 按钮，即可复制当前选择的帧，如图12-22所示。

（9）显示"图层1"，设置第2帧，如图12-23、图12-24所示。

图12-23　显示图像

图12-24　"动画"调板

（10）使用以上相同的方法，依次将"图层 1 副本"和"图层 1 副本 2"图层在复制的帧中显示，如图12-25、图12-26所示。

图12-25　"图层"调板

图12-26　设置帧

（11）单击"动画"调板底部的"复制所选帧"  按钮，复制当前选择的帧，如图12-27所示。

图12-27　复制帧

（12）参照图12-28、图12-29所示，显示"图层 2 副本"图层，并调整图像位置。

（13）单击"复制所选帧"  按钮，复制选择的第5帧。参照图12-30所示，调整图像位置。

（14）参照图12-31所示，继续复制当前帧，并调整图像位置。

（15）继续复制选择的帧，隐藏"图层 2 副本"图层，并显示"图层 2"，如图12-32、图12-33所示。

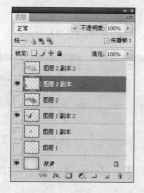

图12-28 显示"图层2副本"图层

图12-29 调整显示后的图像位置

图12-30 调整图像位置（1）

图12-31 调整图像位置（2）

图12-32 "图层"调板

图12-33 显示图像

（16）单击"动画"调板右上角的 按钮，在弹出的快捷菜单中选择"新建帧"命令，即可新建帧。然后将"图层 2"隐藏并显示"图层 2 副本 2"图层，如图12-34、图12-35所示。

图12-34 显示图层

图12-35 新建帧

（17）配合键盘上Shift键选择多个帧，如图12-36所示。

（18）单击"复制所选帧"  按钮，将选择的帧复制，如图12-37所示。

图12-36　选择多个帧

图12-37　复制多个帧

（19）按住键盘上Alt键拖动需要复制的帧，释放鼠标后，即可复制帧，如图12-38、图12-39所示。

图12-38　拖动帧

图12-39　复制帧

（20）参照图12-40所示，为最后一帧设置延迟时间为1秒。

（21）参照图12-41所示，在"设置循环选项"下拉菜单中选择"一次"选项。

图12-40　设置帧延迟的时间

图12-41　设置循环选项

（22）单击"动画"调板底部的"播放动画" 按钮，即可播放动画。

**提示**　单击"动画"调板右上角的 按钮，会弹出如图12-42所示的菜单，从中选择相应的命令，可以进行动画的各种操作。

图12-42　"动画"调板菜单

## 12.3 实例：制作颜色渐变（过渡动画帧）

过渡帧就是系统会自动在两个帧之间添加位置、不透明度或效果产生均匀变化的帧，在动画效果中加入过渡帧，可以使动画效果过渡得更为自然，衔接也更为真实。下面将通过制作颜色渐变效果向大家讲解如何创建与运用过渡动画帧。

制作动画

（1）选择"文件"|"打开"命令，打开配套资料\Chapter-12\"灯笼.psd"文件，如图12-43、图12-44所示。

图12-43 打开素材后的"图层"调板

图12-44 素材图像

（2）配合键盘上Ctrl+Shift键分别单击"灯笼"、"图层 1"图层缩览图，将其载入选区，如图12-45所示。

（3）保留选区，单击"调整"调板中的"创建新的色相/饱和度调整图层" ▦按钮，切换到"色相/饱和度"调板，参照图12-46所示设置参数，调整图像颜色，得到图12-47所示效果。

图12-45 将图像载入选区

图12-46 "调整"调板

（4）配合键盘上的Ctrl键将"色相/饱和度　1"图层载入选区，并将该图层隐藏，如图12-48、图12-49所示。

图12-47　调整图像颜色　　　　　　图12-48　载入选区　　　　　　图12-49　隐藏图层

（5）单击"调整"调板中的"创建新的色相/饱和度调整图层"　　按钮，切换到"色相/饱和度"调板，调整图像颜色，如图12-50、图12-51所示。

图12-50　"调整"调板　　　　　　　　　图12-51　调整图像颜色的效果

（6）使用相同的方法，继续调整图像颜色，如图12-52、图12-53所示。

图12-52　"图层"调板　　　　　　　　图12-53　继续调整图像颜色的效果

（7）参照图12-54所示，在打开的"动画"调板中为帧设置延长时间为0.2秒。

（8）参照图12-55所示，将调整图层隐藏，完成第1帧的设置，如图12-56所示。

图12-54 设置帧延长时间　　　　　　　　　　图12-55 隐藏图层

（9）单击"动画"调板中的"复制所选帧" 按钮，复制第1帧，如图12-57所示。

图12-56 第1帧设置完毕　　　　　　　　　图12-57 复制帧

（10）显示"色相/饱和度 1"图层，设置第2帧，如图12-58、图12-59所示。

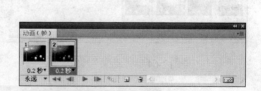

图12-58 显示图层　　　　　　　图12-59 设置第2帧

（11）继续复制帧，显示"色相/饱和度 2"图层，并将"色相/饱和度 1"图层隐藏，如图12-60、图12-61所示。

（12）参照图12-62、图12-63所示，继续复制帧，并将部分图层显示或隐藏。

（13）单击"动画"调板中的"过渡动画帧" 按钮，弹出"过渡"对话框，然后在该对话框中设置参数，如图12-64、图12-65所示。

（14）完成设置后，单击"确定"按钮，关闭对话框，创建动画过渡帧，如图12-66所示。

（15）选择第3帧，单击"过渡动画帧" 按钮，在打开的"过渡"对话框中设置其参数，如图12-67、图12-68所示。

图12-60　显示图层

图12-61　设置第3帧

图12-62　显示图层

图12-63　设置第4帧

图12-64　"动画"调板

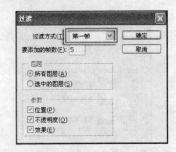

图12-65　"过渡"对话框

图12-66　创建动画过渡帧

图12-67　选择第3帧

图12-68　设置过渡动画参数

"过滤"对话框中各选项含义如下：

· 过渡方式：在其下拉列表中列出了所插入的过渡帧相对于当前帧的位置，包括"选区"、"下一帧"、"最后一帧"、"上一帧"和"第一帧"。

· 要添加的帧数：确定在起始帧与终止帧之间插入的过渡帧数目。

· 所有图层：选择该单选按钮，过渡帧会加在所有的图层中。

· 选中的图层：选择该单选按钮，过渡帧会加在当前选择的图层中。

· 位置：勾选该复选框，将在起始帧与终止帧之间进行位置上的平滑过渡。

· 不透明度：勾选该复选框，将在起始帧与终止帧之间进行透明度上的平滑过渡。

· 效果：勾选该复选框，用于起始帧与终止帧之间的效果过渡。

（16）单击"确定"按钮完成设置，为第3帧创建过渡动画帧，如图12-69所示。

图12-69　创建第3帧的动画过渡帧

（17）使用以上相同的方法，继续为第1帧和第2帧创建动画过渡帧，如图12-70所示。

图12-70　继续创建动画过渡帧

## 12.4　实例：闪字效果（制作时间轴动画）

在Photoshop CS4中，除了可以在逐帧模式的"动画"调板中制作动画外，还可以在时间轴模式的"动画"调板中进行动画制作。时间轴模式会显示文档图层的帧持续时间和动画属性。使用调板底部的工具和时间轴上自身的控件，可以更精确地调整动画效果，制作出的动画也更为生动形象。下面将通过本节制作的闪字效果向大家具体讲解如何制作时间轴动画。

**制作动画**

（1）打开配套资料\Chapter-12\"文字.psd"文件，如图12-71所示。

（2）参照图12-72、图12-73所示，使用"矩形选框"工具在视图中绘制选区，并在新建的图层中为选区填充黄色（C: 10、M: 0、Y: 83、K: 0）。

（3）选择"滤镜"|"模糊"|"高斯模糊"命令，打开"高斯模糊"对话框，如图12-74所示，设置"半径"参数为10像素，单击"确定"按钮完成设置，得到图12-75所示效果。

图12-71　素材图像

图12-72 "图层"调板

图12-73 为选区填充颜色

图12-74 "高斯模糊"对话框

图12-75 添加高斯模糊的效果

（4）右击"图层 1"右侧空白处，在弹出的快捷菜单中选择"创建剪切蒙版"命令，得到图12-76、图12-77所示效果。

图12-76 在"图层"调板中创建剪切蒙版

图12-77 创建剪切蒙版的效果

（5）配合键盘上的Ctrl键将"保护地球"图层载入选区，然后在新建的图层中为选区填充黄色（C: 10、M: 0、Y: 83、K: 0），如图12-78、图12-79所示。

图12-78 新建图层

图12-79 设置颜色

（6）接下来为方便读者查看，为"图层 2"设置"不透明度"参数为0%。然后调整"图层 1"图像的位置，如图12-80所示。

（7）单击"动画"调板右下角"转换为时间轴动画" 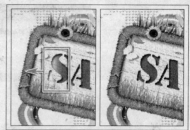 按钮，转换到"动画（时间轴）"调板，如图12-81、图12-82所示。

图12-80　设置与调整图层

（8）单击"动画"调板右上角的 按钮，在弹出的快捷菜单中选择"文档设置"命令，打开"文档时间轴设置"对话框，如图12-83所示，设置对话框中的参数。

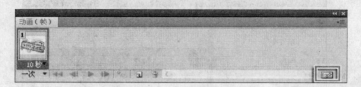

图12-81　"动画"调板

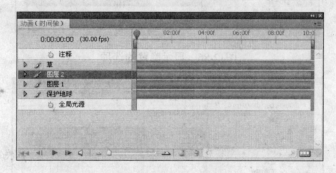

图12-82　"时间轴"调板

（9）单击"确定"按钮完成设置，设置工作时间，"动画"调板中的状态如图12-84所示。

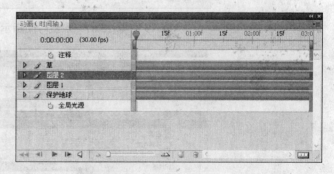

图12-83　"文档时间轴设置"对话框　　　　图12-84　设置工作时间后的状态

（10）单击"图层 1"前面的三角按钮，将隐藏的选项展开，如图12-85、图12-86所示。

（11）参照图12-87所示，在调板中拖动"当前时间指示器"，设置时间位置。

（12）单击"位置"选项前面的 按钮，在当前位置添加关键帧，如图12-88所示。

（13）参照图12-89所示，设置"当前时间指示器"位置。

（14）参照图12-90所示，将黄色图像移动到画面的右侧，调整"图层 1"图像的位置。

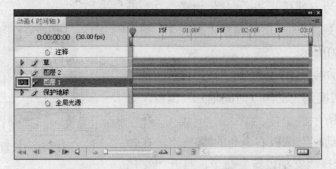

图12-85　三角按钮

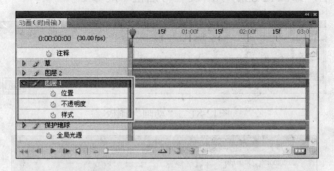

图12-86　显示隐藏的选项

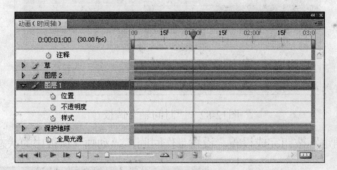

图12-87　设置时间指示器

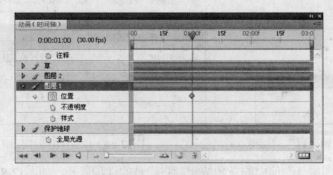

图12-88　添加关键帧

（15）这时在"动画"调板中再次添加关键帧，效果如图12-91所示。

（16）选择"图层2"，并设置"当前时间指示器"位置，如图12-92所示。

（17）单击"不透明度"选项前面的 ⊙ 按钮，在当前位置添加关键帧，如图12-93所示。

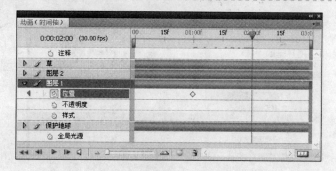

图12-89 设置时间指示器位置

图12-90 调整图像位置

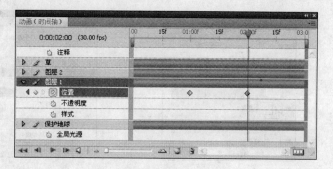

图12-91 添加关键帧

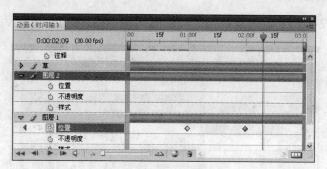

图12-92 设置时间指示器位置

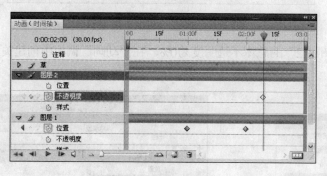

图12-93 添加关键帧

（18）参照图12-94所示，设置"当前时间指示器"位置。

（19）在"图层"调板中为"图层 2"设置"不透明度"参数为100%。在"当前时间指示器"位置直接添加关键帧，如图12-95、图12-96所示。

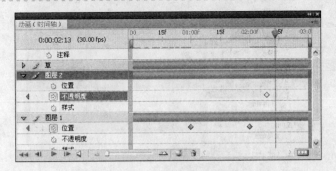

图12-94    设置时间指示器位置

图12-95    设置不透明度

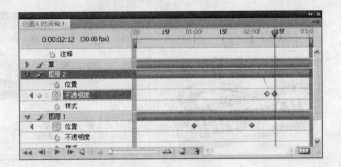

图12-96    创建关键帧

（20）参照图12-97所示，继续设置"当前时间指示器"位置。

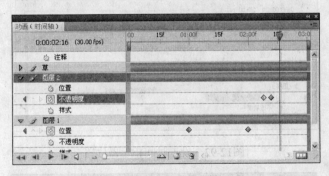

图12-97    设置时间指示器位置

（21）更改"图层 2"的总体不透明度为0%，在"动画"调板中创建关键帧，如图12-98、图12-99所示。

图12-98    设置"图层 2"的不透明度

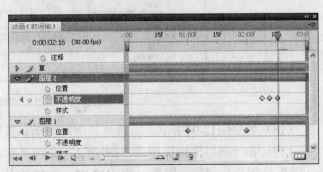

图12-99    创建关键帧

（22）使用以上相同的方法，继续创建关键帧，如图12-100～图12-102所示。

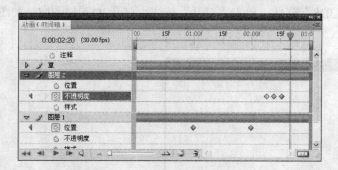

图12-100 设置时间指示器位置

图12-101 设置总体不透明度

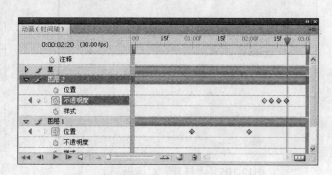

图12-102 创建关键帧

（23）单击"动画"调板底部的"播放动画" ▶ 按钮，即可播放动画。

## 12.5 实例：梳子（从3D文件新建图层）

在Photoshop CS4中，"3D"功能是一项十分重要的新增功能，其中的"从3D文件新建图层"命令，可以将3D文件导入Photoshop中配合"3D"调板中的设置进行进一步的效果加工和处理。下面将通过制作图12-103所示的梳子图像，向大家具体讲解该命令是如何使用的。

从3D文件新建图层

（1）选择"文件"|"新建"命令，打开"新建"对话框，参照图12-104所示设置页面大小，单击"确定"按钮，创建一个新文档。然后为背景填充浅黄色（C：1、M：13、Y：32、K：0）。

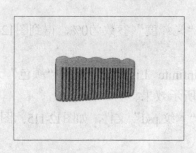

图12-103 完成效果

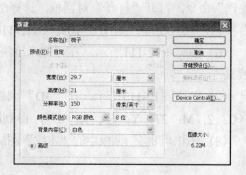

图12-104 新建文档

（2）选择"3D"|"从3D文件新建图层"命令，打开"打开"对话框，选择配套资料\Chapter-12\"梳子.3DS"文件，单击"打开"按钮，打开3D素材图像，如图12-105、图12-106所示。

图12-105　"打开"对话框

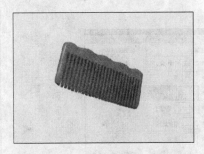

图12-106　3D素材文件

（3）参照图12-107、图12-108所示，分别使用"3D 旋转"工具 🖑 和"3D 环绕"工具 🖑 调整3D图像的角度。

图12-107　"图层"调板

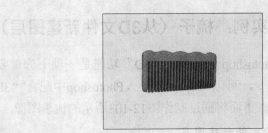

图12-108　调整3D图像角度

（4）选择"窗口"|"3D"命令，打开"3D"调板。

（5）单击"漫射"选项右侧的"编辑漫射纹理" 🖹 按钮，在弹出的快捷菜单中选择"载入纹理"命令，打开"打开"对话框，选择配套资料\Chapter-12\"木纹.jpg"文件，单击"打开"按钮，载入纹理，如图12-109、图12-110所示。

（6）参照图12-111所示，在"3D"调板中设置"光泽度"参数为0%，得到图12-112所示效果。

（7）参照图12-113所示，在"3D"调板中为"Infinite Light 2"设置"颜色"为浅黄色（C：2、M：27、Y：65、K：0），得到图12-114所示效果。

（8）双击"图层"调板中的"木纹"图层，打开"木纹.psd"文件，如图12-115、图12-116所示。

（9）按快捷键Ctrl+U，打开"色相/饱和度"对话框，如图12-117所示，设置对话框中的参数，单击"确定"按钮完成设置，调整图像颜色，并将其保存，效果如图12-118所示。

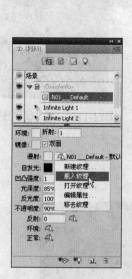

图12-109 快捷菜单

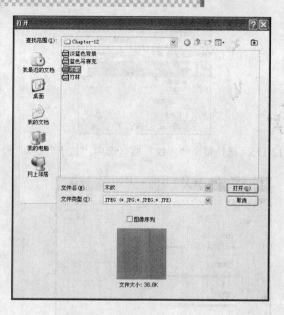

图12-110 选择纹理文件

图12-111 "光泽度"参数

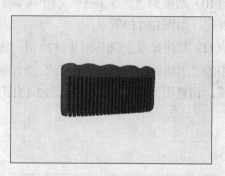

图12-112 设置光泽度效果

图12-113 "Infinite Light 2"参数

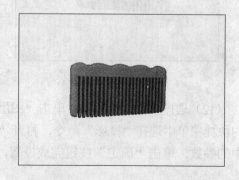

图12-114 设置无限光效果

图12-115　选择整个"木纹"层（选中"梳子"层即可）

图12-116　　"木纹"图像

图12-117　　"色相/饱和度"对话框

图12-118　图像调整效果

（10）切换到"梳子.psd"文档中，观察视图，可发现应用到3D图像中的纹理也随之发生了变化，如图12-119所示。

（11）按住键盘上Ctrl键的同时单击"梳子"图层缩览图，将其载入选区。单击"调整"调板中的"创建新的曲线调整图层" 按钮，切换到"曲线"调板中，参照图12-120所示设置曲线，调整图像亮度，得到如图12-121所示效果。

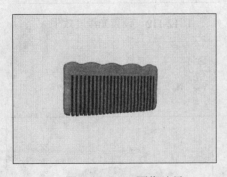

图12-119　3D图像效果

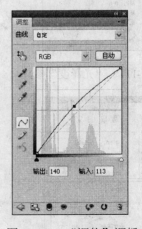

图12-120　　"调整"调板

（12）选择"梳子"图层，单击"图层"调板底部的"添加图层样式" 按钮，在弹出的快捷菜单中选择"投影"命令，打开"图层样式"对话框，参照图12-122所示设置对话框中的参数，单击"确定"按钮完成设置，为图像添加投影效果。

图12-121 调整图像亮度

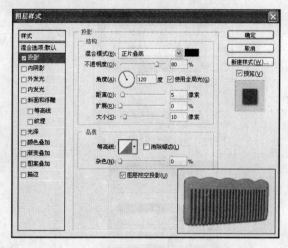

图12-122 设置投影参数

## 12.6 实例：足球（从图层新建形状）

"3D"菜单中的"从图层新建形状"命令中的子菜单中包括了多种可以用以转换的立体形状命令，例如球体、环形、锥体、酒瓶等，通过这些命令，可以将Photoshop中制作的平面图像转换为立体效果，操作十分方便。下面将通过制作图12-123所示的足球，向大家具体讲解如何从图层新建形状。

图12-123 完成效果

**从图层新建形状**

（1）打开配套资料\Chapter-12\"足球纹理.jpg"文件，如图12-124、图12-125所示。

图12-124 "图层"调板

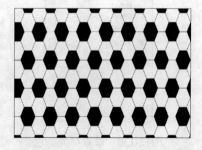

图12-125 素材图像

（2）选择"背景"图层选择"3D"|"从图层新建形状"|"球体"命令，将图像创建为圆体图像，如图12-126、图12-127所示。

（3）参照图12-128所示，在"3D"调板中设置参数，调整球体材料效果，如图12-129所示。

（4）在"3D"调板中为"无限光2"设置"颜色"为白色，调整灯光颜色，如图12-130、图12-131所示。

图12-126　"图层"调板

图12-127　创建球体图像

图12-128　"3D"调板

图12-129　设置球体材料效果

图12-130　设置灯光颜色

图12-131　应用效果

（5）继续在"3D"调板中，为"无限光 3"设置"颜色"为绿色（C：63、M：46、Y：99、K：4），参数设置及效果如图12-132、图12-133所示。

（6）按住键盘上的Ctrl键单击"创建新图层" ⬜ 按钮，在"背景"图层下方新建"图层 1"，如图12-134所示。选择"图层"|"新建"|"背景图层"命令，将"图层 1"转换为"背景"图层，如图12-135所示。

（7）参照图12-136所示，使用"渐变"工具 ▬为背景填充渐变色。

（8）新建"图层 1"，使用"椭圆选框"工具 ◯在足球底部绘制椭圆选区。然后按快捷键Ctrl+F6，设置"羽化半径"参数为20像素，并为选区填充黑色，得到图12-137所示效果。

图12-132　继续设置灯光颜色

图12-133　应用效果

图12-134　新建图层

图12-135　转换背景图层

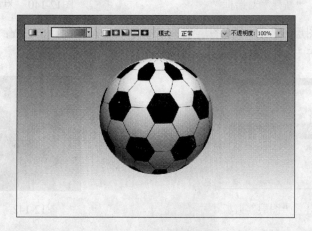

图12-136　为背景填充渐变色

图12-137　添加投影效果

## 12.7 实例：立体文字（从灰度新建网格）

图12-138 完成效果

"3D"菜单中的"从灰度新建网格"命令可以配合"3D"调板中的设置将平面的灰度图像创建出立体效果。下面将通过制作立体文字效果向大家讲解如何从灰度新建网格，完成效果如图12-138所示。

**从灰度新建网格**

（1）选择"文件"│"新建"命令，打开"新建"对话框，参照图12-139所示设置页面大小，单击"确定"按钮，创建一个新文档。然后为背景填充颜色（C：1、M：13、Y：32、K：0），如图12-140所示。

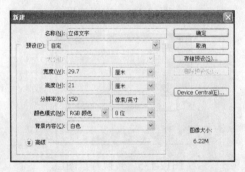

图12-139 "新建"对话框

图12-140 为背景设置颜色

（2）新建"图层 1"，为该图层填充灰色（C：74、M：67、Y：64、K：23），如图12-141、图12-142所示。

图12-141 "图层"调板

图12-142 填充颜色

（3）单击"路径"调板中的"创建新路径" 按钮，新建"路径 1"。参照图12-143所示，使用"钢笔"工具 在视图中绘制"FORGET"字样路径。

（4）按快捷键Ctrl+Enter，将路径转换为选区。新建"图层 2"，并为选区填充灰色（C：49、M：42、Y：39、K：0），如图12-144、图12-145所示。

（5）选择"图层 1"和"图层 2"，选择"3D"│"从灰度创建网格"│"平面"命令，创建3D效果，如图12-146、图12-147所示。

（6）参照图12-148所示，在"3D"调板中设置场景参数，得到图12-149所示效果。

（7）参照图12-150、图12-151所示，在"3D"调板中分别设置灯光颜色。

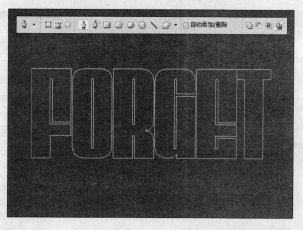

图12-143 绘制路径

图12-144 新建"图层 2"

图12-145 为选区填充颜色

图12-146 选择图层

图12-147 创建3D效果

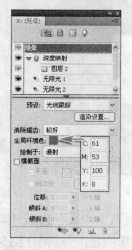

图12-148 "3D"调板

图12-149 应用效果

图12-150　"3D"调板

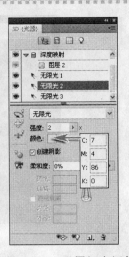

图12-151　设置灯光颜色

（8）在"3D"调板中完成设置后，得到图12-152所示效果。

（9）接下来分别使用"3D 旋转"工具和"3D 环绕"工具调整3D图像的角度，效果如图12-153所示。

图12-152　应用效果

图12-153　调整3D图像角度

（10）参照图12-154所示，使用"魔棒"工具选择背景图像。

图12-154　选择背景图像

（11）单击"调整"调板中的"创建新的色相/饱和度调整图层"按钮，切换到"色相/饱和度"调板中，参照图12-155所示设置参数，调整图像颜色，得到图12-156所示效果。

图12-155 "调整"调板

图12-156 调整图像亮度

## 课后练习

### 1. 简答题

（1）怎样复制动画帧？

（2）怎样播放制作好的动画？

（3）Web上常用的图像文件格式有哪几种？

（4）如何在网页中查看图像文件？

（5）如何从"动画"调板切换到"时间轴"调板？

（6）如何从3D文件新建图层？

（7）使用哪一个命令可以从图层新建形状？

（8）如何利用3D功能制作立体文字效果？

### 2. 操作题

（1）制作逐帧文字动画，如图12-157所示。

图12-157 动画制作流程图

要求：

①用一幅风景图像作为背景。

②输入文字并添加描边效果。

③在"动画"调板中，单击"复制所选帧"按钮 ，创建新的帧。

④使用移动工具调整图像的位置，对帧进行编辑，将帧记录。

（2）制作文字降落效果的时间轴动画，如图12-158所示。

图12-158　动画制作流程图

要求：

①用一幅卡通插画图像作为背景。

②创建动画主体文字。

③单击"动画"调板底部的"转换为时间轴动画"按钮 ，转换到"动画（时间轴）"调板。

④单击 按钮，添加关键帧，制作动画效果。

# 反侵权盗版声明